Martin Schneider

Teflon, Post-it und Viagra

Große Entdeckungen durch kleine Zufälle

Martin Schneider

Teflon, Post-it und Viagra

Große Entdeckungen durch kleine Zufälle

WILEY-VCH

Martin Schneider
SWR Wissenschaft
76522 Baden-Baden

Die Deutsche Bibliothek – CIP-Einheitsaufnahme
Ein Titeldatensatz für diese Publikation
ist bei Der Deutschen Bibliothek erhältlich
ISBN 3-527-29873-8

© WILEY-VCH Verlag GmbH, Weinheim (Federal Republic of Germany), 2002
Gedruckt auf säurefreiem Papier.

Umschlaggestaltung: Grafik-Design Schulz, Fußgönheim
Satz: Hagedorn Kommunikation, Viernheim
Druck und Bindung: Ebner & Spiegel GmbH, Ulm

Inhalt

Einleitung

Inspiration, Transpiration und
der vorbereitete Geist

Der amerikanische Chemiker Roy Plunkett hätte sich verärgert mit der Zwangspause abfinden können, die eine vermeintlich leere Gasflasche seinen Experimenten bescherte. Ebenso wäre es verständlich gewesen, hätte Alexander Fleming seine verschimmelten Bakterienkulturen einfach in den Müll geworfen, als er aus dem Urlaub zurück ins Labor kam. Dass sich beide näher mit dem vermeintlichen Missgeschick beschäftigten, bescherte der Menschheit so nützliche Dinge wie Teflon und Penicillin.

Plunkett und Fleming sind keine Einzelfälle. Seit grauer Vorzeit begleiten Anekdoten von Zufällen die Geschichte der Entdeckungen. Schon die Ägypter sollen das Bier zufällig dadurch erfunden haben, dass einige Brotreste in einen Wasserkrug fielen und dort vergoren, Archimedes bescherte bekanntlich eine überlaufende Wanne sein Heureka-Erlebnis und Newton brachte ein fallender Apfel auf sein Gravitationsgesetz. Die Spur des Zufalls zieht sich bis in unsere Zeit: Die Mikrowelle in der Küche, so wird berichtet, verdanken wir einem Techniker, dem vor einem Radargerät ein Schokoriegel schmolz und den Velcro-Klettverschluss einem Schweizer Erfinder, dem nach einer Wanderung hartnäckige Kletten an der Kleidung hafteten. Als erster Eindruck drängt sich auf: In der vermeintlich so rationalen Welt von Wissenschaft und Forschung scheint nicht immer alles nach Plan zu laufen.

Aber wie groß ist die Rolle des Zufalls in der Forschung tatsächlich – und wie groß ist der Anteil des Entdeckers, dem er zustößt? Will man es nicht bei dem oberflächlichen Eindruck belassen, Glück spiele in der Wissenschaft eine mindestens ebenso große Rolle wie Verstand, muss man näher hinschauen und die vielen Geschichten über Zufälle zunächst einmal grob „vorsortieren". Wie nämlich schon die obigen Beispiele erahnen lassen, sind sie von recht unterschiedlicher Qualität. Da gibt es zum einen die „wissenschaftlichen Mythen" à la Archimedes oder Newton: kaum überprüfbare, ausgeschmückte Berichte des Augenblicks, in dem jemand einen Einfall hat, angeregt durch irgendetwas in seiner Umgebung. Wo solche Einfälle herkommen, mag ein interessantes Feld der Psychologie sein; als außergewöhnlich allerdings kann man das „Haben von Einfällen" schwerlich bezeichnen. In jedem kreativen Gewerbe, und bis zum Beweis des Gegenteils ist auch die Wissenschaft ein solches, sind ungewöhnliche Einfälle an der Tagesordnung. Die Liste ausgeschmückter Berichte solcher Einfälle ließe sich daher auch beliebig verlängern: James Watt beobachtet einen pfeifenden Wasserkessel und erfindet daraufhin die Dampfmaschine, August Kekulé bringt der Traum von einer sich in den Schwanz beißenden Schlange auf die ringförmige Struktur des Benzols, und John Dunlop bekommt die Grundidee zur Erfindung des Luftreifens durch einen Gartenschlauch. Ein Beweis dafür, dass in der Forschung das „Gesetz des Zufalls" herrsche, sind derartige wissenschaftliche Mythen nicht.

Neben derartigen Legenden aber gibt es eine Fülle von Berichten über Zufälle in der Forschung, die sich nicht auf vom Baum fallende Äpfel oder überlaufende Badewannen reduzieren lassen. Auffallend viele große, oftmals nobelpreisgekrönte Entdeckungen waren nicht Ergebnis eines streng geplanten Forschungsprogramms; kleine Laborunfälle oder das unvorhersehbare Zusammentreffen zweier Ereignisse hatten die entscheidenden Weichen gestellt, unscheinbare „Dreckeffekte" im Experiment, von aufmerksamen Forschern bemerkt, den richtigen Weg gewiesen.

Auch wenn Letztere dabei höchst selten nackt durch die Straßen ihrer Universitätsstadt liefen und „Heureka" riefen, scheinen derartige Vorfälle ein wichtiges Element des wissenschaftlichen Fortschritts darzustellen; in verschiedenen Variationen nämlich treten sie quer durch die Wissenschaftsgeschichte immer wieder auf, wie schon ein grober Überblick zeigt.

Da findet man zunächst die Forscher, die nach einer bestimmten Sache lange vergeblich suchten, bis sich der Zufall einmischte und ihren Bemühungen den letzten „Kick" gab. Charles Goodyear etwa war regelrecht besessen davon, Gummi anwendungstauglich zu machen; nach jahrelangem Experimentieren brauchte es aber doch eine glückliche Fügung, die ihn die Vulkanisation entdecken ließ. Louis Daguerre verfolgte über ein Jahrzehnt lang die Idee, Abbildungen der Welt erstellen zu können, ehe ihm letztlich ein zerbrochenes Thermometer bei der Erfindung der Fotografie half. Und auch Alexander Fleming suchte nach einer bakterientötenden Substanz, auf die ihn dann erst eine zufällig ins Labor gewehte Pilzspore brachte.

Andere Forscher machten zufällig epochale Entdeckungen, obwohl sie nach ganz etwas anderem suchten. DuPont-Mitarbeiter Roy Plunkett etwa sollte eigentlich ein neues Kältemittel für Kühlschränke entwickeln und entdeckte Teflon, William Perkin suchte nach der Möglichkeit, Chinin künstlich herzustellen und erfand den ersten künstlichen Farbstoff, Mauvein, und Johann Friedrich Böttgers Versuche, Gold zu machen, führten auf verschlungenen Wegen zum Porzellan.

Und dann sind da noch die Grundlagenforscher, die eigentlich nach gar keiner konkreten Anwendung suchen, aber dennoch zufällig eine wichtige Entdeckung machen. Wilhelm Conrad Röntgen zum Beispiel wollte gar nichts „entdecken" – als theoretischen Physiker interessierte ihn ein eigentümliches Leuchten, das bei einer bestimmten Art von Strahlung auftrat; und Karl Ziegler, der mit einem neuen Herstellungsverfahren für Polyethylen das Kunststoffzeitalter einläutete, hat stets „ganz frei gearbeitet, um die Erkenntnisse der Chemie zu mehren", wie er betonte. Er wollte einfach bestimmte Vorgänge bei der Katalyse besser verstehen.

Wichtiger als die Unterschiede dieser verschiedenen Zufalls-Spielarten in der Forschung aber sind ihre Gemeinsamkeiten, und die ziehen sich wie ein roter Faden durch die einzelnen Kapitel dieses Buches. So wird etwa schnell deutlich werden, dass es sich nie um wirklich „blinde Zufälle" handelt. Der Wissenschaftsbetrieb ist alles andere als eine große Lotterie, in der mal der eine, mal der andere das große Los zieht. Keinem der vom Zufall beglückten Forscher ist seine Entdeckung einfach in den Schoß gefallen, in den er seine Hände in Erwartung einer glücklichen Fügung schon lange zuvor gelegt hatte. „Der Zufall begünstigt nur einen vorbereiteten Geist", bringt es der französische Chemiker Louis Pasteur auf den Punkt, und die Geschichten in diesem Buch werden zeigen, was das im Einzelnen bedeutet. Ähnlich wie das biblisch-sprichwörtliche Samenkorn auf fruchtbaren Boden fallen muss, um zu keimen, braucht der Zufall Rahmenbedingungen, um zu einer Entdeckung zu werden. Sicher nicht zufällig waren die Wissenschaftler, denen das Glück hold war, in aller Regel Experten auf ihrem Gebiet, besessene Arbeiter, mit täglichen Arbeitszeiten, bei denen eigentlich die Berufsgenossenschaft hätte einschreiten müssen. Sie haben mühsam, durch oft jahrelange Arbeit, den Boden bereitet, auf dem der Zufall erst zur Entdeckung gedeihen konnte. Das Wort vom „Glück des Tüchtigen" scheint selten so angebracht wie hier. Nur wer sein Gebiet in- und auswendig kennt, kann zum Beispiel eine Unregelmäßigkeit im Versuchsablauf überhaupt als solche erkennen, die den Keim für eine völlig neue Sicht der Dinge in sich bergen kann.

Die Aufmerksamkeit vermeintlich unwichtigen Nebensächlichkeiten gegenüber ist ein weiterer verbindender Charakterzug der Forscher, die eine „Begegnung der zufälligen Art" hatten. „Entdeckung bedeutet zu sehen, was jeder gesehen hat, aber zu denken, was noch keiner gedacht hat", definierte Medizin-Nobelpreisträger Albert Szent-Gyorgyi, womit er ein allgemeineres Wort des Physikers Georg Christoph Lichtenberg präzisierte: „Die Neigung der Menschen, kleine Dinge für wichtig zu halten, hat sehr viel Großes hervorgebracht."

Zu einem wachen Geist und einer unbändigen Neugier, ohne die im Forschungsbetrieb ohnehin niemand weit kommt, muss aber noch etwas kommen, um aus einem glücklichen Zufall eine Entdeckung werden zu lassen. Um im biblisch-agrarischen Bild zu bleiben: Der gut vorbereitete Boden und der Samen, der zu keimen beginnt, sind nur der Anfang. Die zarten Keimlinge brauchen jede Menge Hege und Pflege, damit aus ihnen eine widerstandsfähige, fruchttragende Pflanze werden kann. „Entdeckung ist ein Prozent Inspiration und 99 Prozent Transpiration", besagt ein geflügeltes Wort. Glück und Zufall sind in der Regel nur an dem einen Prozent „Inspiration" beteiligt. Jede Menge mühsame, oft wenig kreative Arbeit ist nötig, um die Idee „umzusetzen", zur Anwendungs"reife" zu bringen. Auch wenn dies den Beruf des Wissenschaftlers für manchen angehenden Gelehrten, der sich ein leichtes Leben erhofft, unattraktiver macht: Blinde Hühner mögen hin und wieder ein Korn finden; der große Wurf in der Forschung wird ohne Weitblick und viel Arbeit kaum gelingen.

Und die „dümmsten Bauern" sind es auch nicht, die in der Wissenschaft die dicksten Kartoffeln ernten. Im angloamerikanischen Sprachraum gibt es einen seltsam schillernden Begriff für die Art von Zufällen, die den Forschern in diesem Buch zustoßen: *Serendipity* bezeichnet die „Eigenschaft, wünschenswerte Entdeckungen durch Zufall zu machen", wie das *Unabridged Dictionary* erklärt. Was sich wie ein Widerspruch in sich anhört, lässt sich im Deutschen vielleicht am ehesten mit „Finderglück", übersetzen, ein Moment von „Spürsinn" und dem erwähnten „Glück des Tüchtigen" schwingt dabei mit. Den Ausdruck übrigens prägte der britische Schriftsteller Horace Walpole bereits 1754. Ihn hatte die Sage „The Three Princes of Serendip" beeindruckt. Serendip ist ein alter Name für Ceylon, dem heutigen Sri Lanka, und besagte drei Prinzen machen in dieser Sage durch eine Mischung von Glück und Weisheit eine Fülle nützlicher Entdeckungen, nach denen sie gar nicht gesucht hatten. Interessanterweise ging der Begriff *Serendipity* erst in den 1970er-Jahren in den Alltagssprachgebrauch vor allem in den USA ein, wo er heute eine Art Modebegriff ist. Weingüter, Hotels und Modeboutiquen führen diesen Namen, und sogar ein im Jahre 2001 erfolgreicher Kinofilm hatte im Original diesen Titel (auf Deutsch „Weil es Dich gibt" – die Übersetzer kapitulierten vor dem schillernden Originaltitel).

Während der Zufall also auf jeden Fall sein „Gegenstück" in einem „vorbereiteten Geist" finden muss, zeigen die vielen Geschichten auf den folgenden Seiten vor allem eins: Der wissenschaftliche Fortschritt ist nur in Grenzen wirklich planbar. Die landläufige Vorstellung, Forschung laufe ab wie der Entwurf eines neuen PKW, ist einfach falsch. Die Autoingenieure bekommen (oder setzen sich) bestimmte Vorgaben, und dieses „Lastenheft" wird dann abgearbeitet. Geplant wird vom Ende her. Man weiß, was man haben will, und arbeitet darauf hin. In der Wissenschaft aber läuft es anders. „Die meisten Fragen, mit denen sich die gegenwärtige Wissenschaft herumschlägt, hätten bei dem Stand der Dinge vor einer Generation nicht einmal aufgeworfen werden können", formuliert der Philosoph Nicholas Rescher, und der Heidelberger Physiker Wolfgang Krätschmer pflichtet ihm bei: „Wenn man Forschung dirigiert, kommt halt entweder das heraus, was man sich vorstellt, oder gar nichts, aber es kommt halt nie das Unerwartete heraus, und das Unerwartete ist das, was die Forschung wirklich weiterbringt."

Krätschmer, der bei astrophysikalischen Experimenten zufällig die Fullerene, eine völlig neue Zustandsform des Kohlenstoffs, entdeckte, lässt hier das Leid der Grundlagenforscher anklingen – der Forscher, denen es bei ihrer Arbeit nur um die Erweiterung unseres Wissens als solches geht und die keine konkrete Anwendung im Sinn haben. In Zeiten knapper werdender Mittel sehen sie sich einem wachsenden Rechtfertigungsdruck ausgesetzt. Wer heute einen Antrag auf Forschungsförderung stellt, muss am besten den Business-Plan für die Vermarktung des erwarteten Ergebnisses gleich mit einreichen, will er seine Chancen auf Bewilligung erhöhen. Dabei wird vergessen, dass jedes Forschungsvorhaben nur auf dem Stand des jeweiligen Wissens begonnen werden kann, aber ja gerade dazu beitragen soll, die Grenzen dieses Wissens zu erweitern. Platt gesagt: Wüsste man schon, was dabei heraus kommt, bräuchte man ja nicht mehr zu forschen. Eine Konsequenz daraus mahnte schon der Physiker und Physiologe Hermann von Helmholtz vor fast 150 Jahren an: „Wer in den Naturwissenschaften nach unmittelbarem Nutzen jagt, kann ziemlich sicher sein, dass er vergebens jagen wird." Nur eine solide, ergebnisoffene Grundlagenforschung, die sich mit Dingen beschäftigt, die wir einfach noch nicht verstehen, bereitet den Boden für eventuelle künftige Innovationen, von denen wir heute nicht die leiseste Ahnung haben. „Dem Anwenden muss das Erkennen vorausgehen", gab Max Planck zu bedenken und trat damit Forderungen nach stärkerer Anwendungsnähe der Forschung entgegen, die auch schon Anfang des letzten Jahrhunderts aufkeimten. Ohne Frage sind angewandte

Forschung und Entwicklung, die nach dem Schema des Entwurfs eines neuen Autos ablaufen, wichtig; völlig neue Phänomene aber können sie nicht erschließen.

Interessanterweise sind es keineswegs nur Grundlagenforscher, die eingedenk der im wahrsten Sinne unvorstellbaren Wissensschätze der Zukunft um mehr Freiheitsgrade in der Forschung werben. „Wenn ich meinem Auftraggeber Forschungserfolge garantieren können will, werden diese Erfolge ziemlich langweilig ausfallen. Wenn man in der Forschung unerwartete Resultate bekommen möchte, muss man Risiken eingehen." Dieser Satz stammt von Nathan Myhrvold, dem ehemaligen Forschungschef des weltgrößten Softwarekonzerns Microsoft, dem man kaum unterstellen kann, Forschung als l'art pour art zu betreiben. Auch große Firmen wissen, dass sie „breit aufgestellt" sein müssen, um auch auf künftigen Märkten bestehen zu können. Die folgenden Kapitel werden einige Produkte präsentieren, die zu „Megasellern" wurden, obwohl sie niemand geplant oder vorhergesehen hatte – vom schon kurz angesprochenen Teflon bis zu den Post-it Notizzetteln. „Was wir morgen wissen werden, wird zu 80 Prozent eine Erweiterung des heutigen Wissens sein, aber 20 Prozent werden völlige Überraschungen sein", glaubt Art Fry, Erfinder der besagten gelben Haftnotizzettel. Er weiß, wovon er spricht: Niemand in seiner Firma hätte sich vor 25 Jahren seine Erfindung, bei der der Zufall gleich auf mehreren Ebenen half, überhaupt vorstellen können; heute ist sie aus Büro und Haushalt kaum mehr wegzudenken. Nebenbei bemerkt hat früher auch niemand die Post-its so recht vermisst – und das beleuchtet einen interessanten weiteren Aspekt des wissenschaftlichen Fortschritts: Nicht immer steuert ein konkreter Bedarf seine Entwicklung. Niemand brauchte wirklich Fernsehen, Personalcomputer, Biotechnologie – oder Post-it Notes. Einmal erfunden, fanden sie aber schnell ihre Märkte. „Not macht erfinderisch" mag ja stimmen, aber der Umkehrschluss, dass es immer eine Art „Not", einen Bedarf, geben muss, damit etwas erfunden wird, ist sicher nicht richtig.

Die folgenden Geschichten (deren Lektüre übrigens an keine bestimmte Reihenfolge gebunden ist) sind keine vollständige Enzyklopädie sämtlicher Entdeckungen, bei denen in irgendeiner Weise der Zufall mitgespielt hat. Ich habe nur Geschichten aufgenommen, bei denen die Datenlage mehr ermöglichte als die bloße Wiedergabe einer Legende. Dabei habe ich stets nicht nur den Moment skizziert, in dem der Zufall „seines Amtes" waltete, sondern jede Entdeckung in einen größeren Zusammenhang gestellt. Nur eine kleine Reise in die Geistesgeschichte der jeweiligen Zeit nämlich verdeutlicht ihre Besonderheit – sowohl die der Entdeckung als auch die des Forschers, dem sie zustieß. Nicht selten nämlich mussten Letztere nicht nur einen „vorbereiteten Geist" haben, sondern sich auch noch aus etablierten Denkstrukturen befreien, sie hinterfragen, um sich für das Neue zu öffnen. Oder wie schon Aristoteles wusste: Wer recht erkennen will, muss zuvor in richtiger Weise gezweifelt haben.

Dank an ...

Den Anstoß, mich mit den Zufällen in der Forschung zu beschäftigen, verdanke ich meinem früheren Redaktionsleiter beim Süddeutschen Rundfunk, Walter Sucher. Seine Anregung mündete in einer Fernsehdokumentation über „Zufall in der Forschung". Bei den Dreharbeiten dazu lernte ich Prof. Royston Roberts aus Austin/Texas kennen, der mich auf viele Beispiele von Zufällen in der Forschung aufmerksam machte. Mein Kollege Dr. Siegfried Klaschka hat mit kritischem Blick die Geschichten in diesem Buch gegengelesen und mir manchen wertvollen Hinweis gegeben (gleichwohl liegen natürlich alle etwaigen Fehler oder Ungenauigkeiten allein in meiner Verantwortung). Dr. Gudrun Walter vom Wiley-VCH Verlag hat trotz vieler Verzögerungen stets an diesem Projekt festgehalten. Und ich danke meiner Lebensgefährtin Heidi Schnell, die über eine lange Zeit mein freizeittötendes „Hobby", zufälligen Entdeckungen in der Wissenschaft nachzuspüren, erdulden musste.

1

Von der Atombombe zur Bratpfanne

Teflon wird bei der Suche nach einem neuen Kältemittel entdeckt

Wann immer nach sachlichen Argumenten für das teure Abenteuer der bemannten Weltraumforschung gefragt wird, ist von den möglichen „Spin-off-Effekten" die Rede. Techniken, die für die Raumfahrt erfunden wurden, so heißt es, hätten seit jeher als „Zweitverwertung" zu Entwicklungen geführt, die unseren Alltag angenehmer machen. So gab zweifellos der Zwang zur Miniaturisierung in der Elektronik in den 1960er-Jahren die entscheidenden Anstöße für die Entwicklung des Personal Computers, und auch der Kugelschreiber, der über Kopf schreibt, ist sicher eine Segnung der Raumfahrt. Bei einem Lieblingsargument liegen die Raumfahrt-Enthusiasten allerdings leider gänzlich daneben: Die Wundersubstanz Teflon wurde bei Raumfahrtmissionen zwar großzügig eingesetzt, keineswegs aber eigens dafür entwickelt. Die erste Teflonpfanne konnte man schon 1954 in Frankreich kaufen, vier Jahre bevor Sputnik 1 die ersten Piepssignale aus der Erdumlaufbahn sandte; und das Material an sich – chemisch Polytetrafluorethylen (PTFE) – wurde bereits in den 1930er-Jahren entdeckt – durch einen Zufall.

Genau genommen begann die Entdeckungsgeschichte des Teflons noch viel früher. Im Jahre 1851 wurde dem Amerikaner John Gorrie das Patent für ein „Gerät zur künstlichen Produktion von Eis bei tropischen Temperaturen" zuerkannt – der Urahn des modernen Kühlschranks war geboren. Bis in die 1920er-Jahre aber gab es Probleme mit den eingesetzten Kältemitteln. Ethylen, Ammoniak oder Schwefeldioxid, die in den Kühlleitungen zirkulierten, neigten leider dazu, sich über kleine Lecks in der Küche auszubreiten. Diese hochexplosiven, giftigen oder zumindest bestialisch stinkenden „Nebenwirkungen" ließen so manche Hausfrau der damaligen Zeit den Fortschritten der Technik, gelinde gesagt, distanziert gegenüberstehen.

Um den Absatz von Kühlgeräten voranzubringen, brauchte man dringend neue Kältemittel. Forscher bei General Motors, die seinerzeit nicht nur Autos, sondern auch Kältemaschinen entwickelten, untersuchten systematisch alle bis dahin bekannten chemischen Substanzen daraufhin, ob sie nicht ein neues, ungefährliches Kühlmittel abgeben könnten. Sie stießen auf eine wahrhaft ideale Substanzklasse, – farblos, geruch- und geschmacklos, ungiftig und nicht brennbar, und der Siedepunkt lag exakt in dem Bereich, der für die Verwendung als Kältemittel gefordert war – die Fluorchlorkohlenwasserstoffe, FCKW. Dass sie in den oberen Schichten unserer Atmosphäre die Ozonschicht zerstören, sollte sich erst ein halbes Jahrhundert später herausstellen. General Motors gründete ein *Joint Venture* mit dem Chemiekonzern DuPont zur Herstellung von „Freon", chemisch Dichlortetrafluorethan. Einziger Kunde der Wundersubstanz durfte aus patentrechtlichen Gründen die *Frigidaire*-Abteilung von General Motors sein – ein höchst unbefriedigender Zustand, wie nicht nur die neidische Konkurrenz empfand. Auch DuPont nämlich hätte gern mehr von der Substanz verkauft, die den ultimativen Durchbruch für Kühlschränke brachte. In den Jackson Laboratorien von DuPont in der Nähe von Philadelphia bekam daher ein junger Chemiker den Auftrag, nach anderen Kältemitteln zu suchen, die das General Motors Patent umgehen würden. Roy Plunkett war gerade 27 Jahre alt und hatte erst zwei Jahre zuvor seinen Doktor gemacht, das Kältemittelprojekt war sein erster größerer Auftrag für den Chemiemulti.

Plunkett wollte aus Tetrafluorethylen und Salzsäure einen neuen FCKW herstellen. Er legte sich einen enormen Vorrat von Tetrafluorethylen an – fast einen Zentner, abgefüllt zu Portionen von knapp einem Kilo in kleinen Stahlflaschen von der Größe einer Haarspraydose. Für bloße chemische Syntheseversuche hätte es eine solche Menge zwar nicht gebraucht; für die toxikologischen Test, die Plunkett ebenfalls gleich durchführen wollte, konnte man aber gar nicht genug von der zu untersuchenden Substanz haben. Plunkett lagerte das kostbare Gas bei Trockeneistemperaturen von etwa minus 80 Grad Celsius. Bei diesen Temperaturen war das Gas flüssig und der Druck in der Flasche gering – und damit auch die Gefahr, dass kleine Mengen des Gases durch undichte Ventile verloren gingen.

In verschiedenen Versuchsanordnungen wollte Plunkett das Chlor der Salzsäure dazu bringen, sich mit dem Tetrafluorethylen zu verbinden. Am Morgen des 6. April 1938 allerdings störte ein Zwischenfall die Routine. „Jack Rebok, mein Assistent, drehte wie immer das Ventil auf, aber es kam kein Gas", erinnert sich Roy Plunkett. Ein Blick auf die Waage zeigte: Die Flasche war keineswegs leer; war vielleicht das Ventil verstopft? Sie stocherten mit einem Stück Draht in der Öffnung herum – nichts geschah. Als sie endlich das Ventil ganz abschraubten, wurde endgültig klar, dass kein Gas mehr in der Flasche war. „Als wir die Flasche umdrehten und vorsichtig mit der Öffnung auf den Tisch klopften, kamen wenige Krümchen eines eigentümlichen weißen Pulvers heraus", berichtet Plunkett. Ein Chemiker weiß natürlich sofort, was das zu bedeuten hat: Die einzelnen Moleküle des Gases hatten sich vermutlich zu langen Ketten verbunden, waren polymerisiert. Die Grundzüge der Polymerchemie hatte man in den

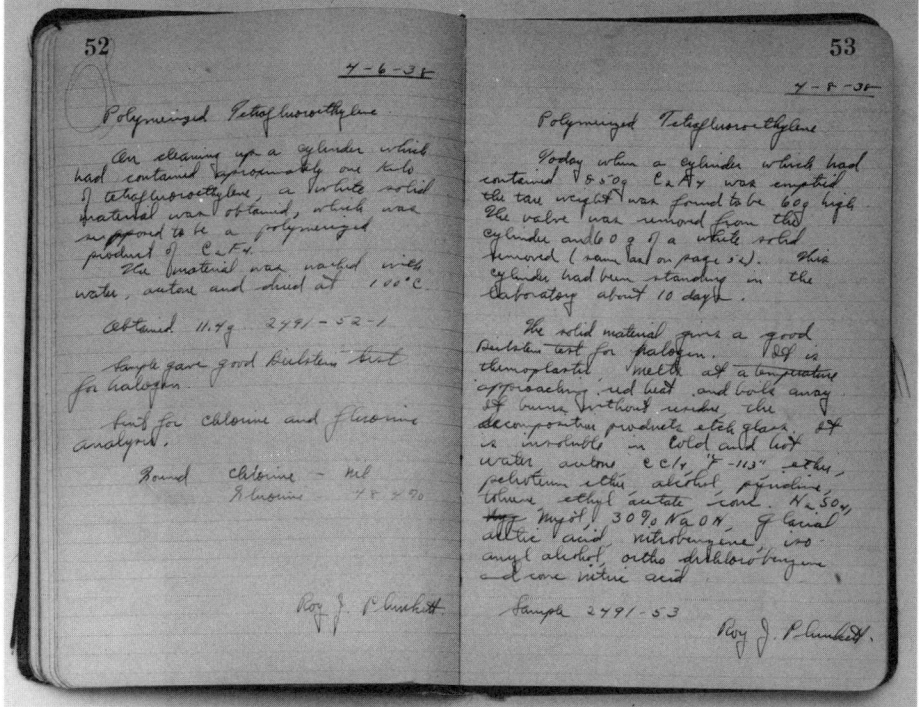

Bild 1: Der Tag, an dem Teflon entdeckt wurde: Eintrag in Roy Plunketts Laborbuch vom 6.4.1938

1930er-Jahren bereits verstanden; fluorisiertes Ethylen allerdings, so war man überzeugt, konnte nicht polymerisieren. „Im ersten Moment waren wir uns der Bedeutung nicht im Mindesten bewusst", erzählt Plunkett, „wir haben uns einfach nur geärgert, dass wir das teure Gas verloren hatten."

Mehr aus Neugier denn aus Forschungsdrang sägten die Forscher den Behälter auf – und fanden die Behälterinnenwand regelrecht ausgekleidet mit der eigentümlichen weißen Masse. Damit hatten sie auch genügend davon für ein paar chemische Tests. Trotz aller Bemühungen blieb der Stoff völlig unbeeindruckt von allem, was man mit ihm chemisch anstellte – er reagierte mit keiner anderen Substanz, schien völlig „inert" zu sein, wie Chemiker sagen. Selbst Königswasser, das teuflische Gemisch aus Salz- und Salpetersäure, in dem sich sogar Gold auflöst, vermochte dem Fluorpolymer nichts anzuhaben. Für einen

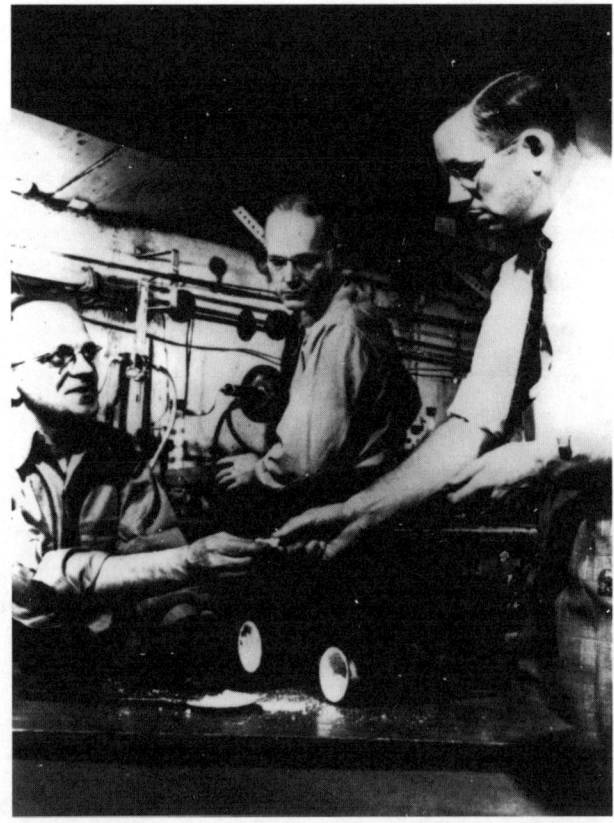

Bild 2: Roy Plunkett (rechts) und Kollegen stellen den entscheidenden Moment der Teflon-Entdeckung nach

Industriechemiker ist das zwar interessant, aber unter Anwendungsaspekten ein höchst unerfreuliches Ergebnis, da man mit einem solchen Stoff wenig anfangen kann. Und als Kältemittel taugte der neue Stoff schon gar nicht.

Eigentlich also ein unerfreulicher, teurer Fehlschlag. Wie ein Blick in Plunketts Laborbuch zeigt, das im Firmenarchiv von DuPont in Wilmington/Delaware fast wie eine Reliquie verwahrt wird, gab Doc Plunkett trotzdem keine Ruhe. Neben der weiteren Suche nach einem neuen Kältemittel bemühte er sich doch über mehrere Wochen, den genauen Bedingungen, die zu der Polymerisation geführt hatten, auf die Spur zu kommen. Mit oder ohne Katalysator, bei hohen oder niedrigen Temperaturen, mit Katalysator und Lösungsmittel und so weiter. Entscheidend war Plunketts Gedanke, die Flaschen bei Trockeneistemperaturen aufzubewahren. Die Kombination aus Temperatur, Druck und der ungewöhnlich langen Aufbewahrungszeit hatte selbsttätig zur Polymerisation geführt. Mit verschiedenen Katalysatoren und Lösungsmitteln, stellte Plunkett fest, ließ sich der Vorgang allerdings beschleunigen. „Von Polymerchemie hatte ich allerdings kaum Ahnung, das war damals noch ein Zweig für Spezialisten", erinnert sich Plunkett. Und die gab es im Hause DuPont zur Genüge – schließlich war ihnen wenige Jahre bzw. Monate zuvor mit Neopren und Nylon die Synthese epochaler Kunststoffe gelungen (siehe im Kapitel „Heiße Geschäfte durch kaltes Ziehen"). Plunkett reichte seine Entdeckung an die Polymerabteilung weiter. Der Grund für die Unangreifbarkeit des Materials, so fanden die Chemiker schnell heraus, waren die festen chemischen Bindungen innerhalb des Polytetrafluorethylenmoleküls. Nach eingehenden Analysen aber winkten die Nylonerfinder ab: Eine Idee, zu was die eigentümliche Substanz nutze sein könnte, hatten auch sie nicht, und vor allem entmutigte sie eine kurze Überschlagsrechnung der Produktionskosten. Selbst wenn sich etwas mit dem Polytetrafluorethylen (PTFE) anfangen ließe, wären die Herstellungskosten so hoch gewesen, dass eine erfolgreiche Vermarktung völlig ausgeschlossen erschien. PTFE verschwand im Firmenarchiv.

Bis zum Jahr 1943, als die Väter der Atombombe bei ihrem *Manhattan Project* vor unlösbaren Problemen standen. Um das für die Kernspaltung nötige hoch angereicherte Uran herzustellen, mussten sie mit Uranhexafluorid experimentieren – ein extrem korrosiver Stoff, der alle Behälter und Leitungen, mit denen er in Berührung kam, binnen kürzester Zeit zerstörte. Ihr dringender Hilferuf an alle Chemiefirmen erreichte auch die DuPont-Forschungsabteilung, wo man sich der eigenartigen Substanz erinnerte, die sich sämtlichen chemischen Angriffsversuchen widersetzt hatte. Nach umfangreichen verfahrenstechnischen Versuchen gelang es bald, mit PTFE, an dem ja bekanntlich nichts haftet, Oberflächen zu beschichten. In aller Eile fuhr DuPont die Produktion von „K416", wie PTFE nun im Code hieß, hoch, um genügend davon für die Forscher des *Manhattan Projects* liefern zu können. Ab 1943 schützte eine Teflonschicht die Behälter und Rohrleitungen der Atomforscher.

Nach dem Krieg, im Jahre 1948, begann die Firma mit der kommerziellen Produktion der Substanz, für die der Kunstname „Teflon" ersonnen wurde. Beschichtungen, Dichtungen und Isoliermaterial waren die Haupteinsatzgebiete. Als dann der Wettlauf ins Weltall begann, griffen auch die NASA-Ingenieure dankbar die Erfindung Plunketts auf. Vom *Explorer 1* bis zum *Space-Shuttle* haben Teflon und seine Derivate die Geschichte der amerikanischen Raumfahrt begleitet – als Kabelisolierung, Hitzeschutzkachel oder als Schutzschicht auf den Raumanzügen. Die Apollo-Mondlandefähren hatten mehrere Hundert Kilo Teflon an Bord; selbst die Sammeltüten für Mondgestein bestanden daraus.

Die berühmte Teflonpfanne, die wir angeblich der Raumfahrt verdanken, gab es da übrigens schon seit fast 10 Jahren – und auch bei ihrer Erfindung hatte der Zufall eine Rolle gespielt. Anfang der 1950er-Jahre hörte der Pariser Chemiker Marc Gregoire von der schlüpfrigen Substanz. Zum Glück heutiger Hausmänner und -frauen hatte Gregoire ein Hobby, das ihm einerseits viel Zeit zum Nachdenken ließ und andererseits ein Problem mit sich brachte, welches durch Teflon, wenn auch nicht völlig gelöst, so doch deutlich verkleinert wurde. Gregoire war passionierter Angler; immer wieder ärgerte er sich über völlig verhedderte Angelschnüre. Eine hauchdünne Teflonschicht auf der Schnur half beim Entwirren.

Und die Pfanne? Die Idee dazu, so will es die Anekdote, kam seiner Frau. Gregoire, der zu Küchenutensilien bisher keine größere Affinität bewiesen hatte, gründete eine neue Firma, mit der er ins Pfannengewerbe einstieg. Unter dem Namen „Tefal" produzierte und verkaufte Gregoire binnen weniger Jahre über eine Million Pfannen und Töpfe mit der Antihaftbeschichtung – allerdings nur in Europa. In den USA schlugen zunächst alle Vermarktungsversuche fehl. Kein Hersteller sprang auf Gregoires Idee an, und die US-Kaufhausketten, an die der Pariser Tüftler insgesamt 3000 Probepfannen verschickte, stellten die nicht mal ins Regal. Mit viel Mühe gelang es ihm dann doch, den Kaufhauskonzern Macy's zu überreden, 200 Tefal-Pfannen ins Sortiment zu übernehmen. Innerhalb von zwei Tagen waren alle verkauft, die Teflonpfanne hatte es auch in der Heimat des Wunderstoffs geschafft.

Die Entdeckungsgeschichte rund ums Teflon aber war damit noch nicht beendet. Der amerikanische Unternehmer William Gore, ein ehemaliger DuPont-Mitarbeiter, verarbeitete den von seiner früheren Firma hergestellten Rohstoff zu Isoliermaterial für elektrische Geräte. Nicht zuletzt um den Materialeinsatz zu optimieren und neue Einsatzfelder für das teure Material zu finden, versuchte sein Sohn Bob im Jahre 1969 den Kunststoff zu strecken. Er erhitzte einen Teflonstab und zog vorsichtig an beiden Enden. Nach nur wenigen Zentimetern zerbrach der Stab – und nach ihm Dutzende weiterer Probestäbe, die er unter verschiedenen Bedingungen zu strecken versuchte. Nach mehreren Wochen voller Fehlversuche nahm er einen glühend heißen Stab in seine asbestbewehrten Hände und riss ihn voller Wut ruckartig auseinander. Völlig überraschend dehnte sich der Stab dabei, ohne zu brechen. „Ich erzählte zunächst niemandem davon, weil ich dachte, es wäre ein dummer Zufall gewesen", erinnerte sich Gore später. Aber wie es mit „dummen Zufällen" halt mitunter so ist: Er ließ sich beliebig oft wiederholen. Die dünne Teflonmembran, die man beim extremen Dehnen des Grundstoffs erhielt, eignete sich hervorragend zur Herstellung extrem widerstandsfähiger Dichtungen.

Wenn heute von „Gore-Tex", wie Gore die Membran bald nannte, die Rede ist, denkt aber kaum jemand an Dichtungen für Rohre. Mit „Dichtigkeit" hat aber auch die Anwendung zu tun, durch die Gore-Tex weltbekannt wurde. Die hauchdünn gestreckte Teflonfolie nämlich erwies sich einerseits als wasserdicht, ließ aber Wasserdampf ungehindert passieren. Schutz vor Regen, aber dennoch atmungsaktiv: für alle erdenklichen Arten von „Outdoor-Aktivität" ein wahres

Bild 3: Roy Plunkett (1911–1994) mit Kabel und Muffin-Backform – beides mit Teflon beschichtet

Traummaterial, das als Membran in Oberbekleidung oder in Schuhen eingesetzt wurde. Das Geheimnis der Teflonmembran besteht aus winzigen Löchern
– fast unglaubliche 1,5 Milliarden pro Quadratzentimeter. Wasser in Tropfen-
form kann sich wegen seiner Oberflächenspannung nicht durch die Löcher
zwängen; Wasserdampf aber, wie er von der schwitzenden Haut aufsteigt,
besteht aus einzelnen H_2O-Molekülen, die die Poren passieren können. Gore-
Tex sorgt allerdings nicht nur für trockene Haut – vielen Millionen Menschen
steckt das Material sogar unter der Haut. Seine unangreifbaren Eigenschaften
machen es ideal für Implantate. Künstliche Gelenke oder Herzklappen werden
aus Gore-Tex gefertigt, aber auch Inletts für verkalkte Arterien oder komplette
Bauchschlagadern haben die Chirurgen am Lager.

Roy Plunkett übrigens, der durch seine Zufallsentdeckung im Jahre 1938
den Grundstein für Antihaftpfannen, Klimamembran und Arterieninletts legte,
hatte seinerzeit längst andere Aufgaben bei DuPont übernommen. In Corpus
Christi, Texas, war er maßgeblich am Aufbau einer neuen Fabrik beteiligt.
Bis zu seiner Pensionierung im Jahre 1975 war er Produktmanager für den
Bereich organisch-chemische Erzeugnisse des Weltkonzerns. Auch danach
blieb Plunkett ein Vorzeige-Angestellter DuPonts, bis er 1994, 83-jährig, in
Corpus Christi starb.

Außergewöhnlichen Reichtum hatte ihm seine Entdeckung nicht gebracht:
Das Teflonpatent gehörte der Firma.

2

Klare Sache

Verunglücktes Heftpflaster wird zu Tesafilm

Manche Produkte sind derartig erfolgreich, dass ihr Marken-
name Synonym für eine ganze Produktklasse wird: „Tempo"
für Papiertaschentuch etwa oder „Aspirin" für den Wirkstoff
Acetylsalicylsäure. Und natürlich „Tesa" für transparentes
Klebeband. Dabei ist der Dauerseller aus dem Hause
Beiersdorf eigentlich ein verunglücktes Hansaplast; und auch
bei seiner Vermarktung half der Zufall. Eine völlig verrückte
Studentenidee könnte dem Tesafilm sogar eine Zukunft als
Datenspeicher bescheren.

Nivea, Tesa, Hansaplast – Paul Beiersdorf konnte im Jahre 1882 nicht ahnen, dass sein kleines Hamburger Unternehmen zu einem Weltkonzern aufsteigen würde, der nicht nur zwei Weltkriege überstehen, sondern bis ins 21. Jahrhundert hinein allen Fusionsverlockungen und Übernahmeanfeindungen widerstehen würde. Beiersdorf genießt Weltruf bei Hautpflegemitteln, bei der Wundversorgung und bei Klebebändern. Was sich zunächst nach einer eigentümlichen Melange anhört, hängt historisch eng zusammen; und bei der Herausbildung dieser Produktpalette half der Zufall.

Die Geschichte des Unternehmens beginnt mit einem Patent des Hamburger Apothekers Paul C. Beiersdorf vom 28. März 1882. Darin wird ein von ihm entwickeltes, neuartiges Verfahren zur Herstellung von medizinischen Pflastern beschrieben. Medizinische Pflaster waren seinerzeit noch meilenweit entfernt von den praktischen Heftpflastern unserer Tage. Pflaster waren Wundabdeckungen mit heilenden Ingredienzien, die mittels eines Verbandes auf die Wunde aufgebracht wurden. Paul Beiersdorf versah seinen Pflastermull nun erstmals mit einer Klebstoffschicht auf Guttaperchabasis – das allererste Heftpflaster war geboren – und damit das erste Produkt des Hauses Beiersdorf, das man anfangs wohl am ehesten als größere Apotheke bezeichnet hätte.

Im Jahre 1890 übernahm Oskar Troplowitz die Leitung des Laboratoriums von Paul Beiersdorf. Er war ebenfalls Apotheker, hatte aber eine viel deutlicher ausgeprägte unternehmerische Ader als sein Vorgänger. Er erkannte früh, welche langfristigen Chancen in Produkten liegen, die bei der Lösung alltäglicher Probleme wirksam helfen – jenseits von Heftpflastern. Ein wacher, „vorbereiteter" Geist, der ständig nach neuen Einsatzmöglichkeiten seiner Produkte suchte. Vor allem der geringe Erfolg seines Guttapercha-Pflastermulls machte ihm zu schaffen. Der Weisheit letzter Schluss war das von seinem Vorgänger Beiersdorf entwickelte Klebepflaster keineswegs, und auch Troplowitz' eigene Weiterentwicklungsversuche wiesen zunächst keinen Weg aus dem Dilemma: Entweder klebte es nicht richtig, und man musste den Mull zusätzlich mit einem Verband fixieren, oder es klebte derartig, dass beim Abziehen des Pflasters die Haut gleich mit abgelöst wurde. Hautreizungen durch den Klebstoff waren ohnehin ständige unangenehme Begleiterscheinungen des Pflasters.

Eine besonders „kontaktfreudige" Klebstoffmischung, auf die er in seinen Labors gestoßen war, brachte Troplowitz auf eine folgenreiche Idee. Er vermarktete sein Produkt als „Sport-Heftpflaster für Radfahrer, Reiter & Touristen". *Cito* – so der Name des neuen Wunderprodukts – eigne sich „zum Dichten von Luftreifen und zum Schutzverband von Verletzungen" gleichermaßen. Der wahrhaft geniale Marketingschachzug hatte nur einen kleinen Fehler: Als Heftpflaster war das Klebeband wegen seiner reizenden Wirkungen nach wie vor kaum zu gebrauchen. Und auch als Fahrradflickzeug und Klebeband hatte Cito nur bescheidenen Erfolg. Immerhin: Das ursprünglich als Heftpflaster entwickelte „Lassoband", wie Cito später genannt wurde, begründete den neuen Beiersdorf-Geschäftszweig der technischen Klebebänder. Was die Pflasterentwicklung angeht, hatte Troplowitz übrigens doch noch Erfolg. Im Jahre 1901 brachte er das erste selbstklebende Pflaster der Welt auf den Markt, das die Haut nicht mehr reizt. Beim „Leukoplast" hatte er die Klebemasse mit Zinkoxid angereichert, was die negativen Folgen des Klebstoffs ausglich. Und das noch heute erfolgreiche Hansaplast (im Prinzip ein Leukoplast mit Wundauflage) ist seit 1922 auf dem Markt.

Vom Lassoband zum Tesafilm allerdings war es noch ein weiter Weg. 1934 trat der 25-jährige Industriekaufmann Hugo Kirchberg aus Eisenach eine Stelle bei Beiersdorf an. Er erkannte sofort, dass die völlig archaischen Vertriebsstrukturen der Firma für den Misserfolg vieler Produkte verantwortlich waren. Vor allem der Vertrieb des Lassobandes war ihm ein Dorn im Auge. Anfertigung und Lieferung erfolgten nur auf Bestellung: Wollte ein Kunde Lassoband kaufen, konnte er keineswegs in die Bürobedarfshandlung um die Ecke gehen. Er musste seine schriftliche Bestellung an Beiersdorf richten; die Firma handelte daraufhin einen Quadratmeterpreis mit dem Kunden aus und fertigte erst dann das Produkt eigens für ihn, auf seine individuellen Bedürfnisse zugeschnitten, an. Kirchberg erkannte, dass ein solches Vorgehen einer Massenverbreitung, gelinde gesagt, recht hinderlich war. Er entwarf ein völlig neues Produktions-, Vertriebs- und Preismodell für das Klebeband: Geliefert und verrechnet würde nach Rollen, die in verschiedener Größe und Breite angeboten werden sollten.

Alles war für den Vertriebsstart der neuen Lassobandrollen vorbereitet, da zog der Vorstand die Notbremse: Wegen Devisenmangels stand nur unzureichend Gewebe zur Verfügung, Ersatz gab es nicht. Kirchberg verbrachte Tag

Bild 1:   Hugo Kirchberg (1909–1999)

für Tag im Labor bei den Chemikern, um sich nach dem Stand ihrer Suche nach einem Ersatz zu erkundigen. Doch vergebens – was sie in ihren Reagenzgläsern zusammenkochten, war leider gänzlich ungeeignet, ein anständiges Klebeband abzugeben. In der Not klopfte Kirchberg bei anderen deutschen Chemieunternehmen an – und wurde fündig. Die Wacker-Chemie in München konnte geeignetes Material liefern: spröde Acetatfolie, Cellophan. Statt Klebeband auf Rollen gab es nun Klebefilm. Und den passenden Abroller entwickelte Kirchberg gleich mit. Noch heute orientieren sich die Tesa-Abroller in Form und Funktion an Kirchbergs Ur-Entwurf.

Den Namen „Tesa" erhielt das Klebeband 1936 – ein Name, der schon Jahrzehnte vorher geschaffen worden war. Er setzt sich zusammen aus der Anfangssilbe des Nachnamens und der Endsilbe des Vornamens der Beiersdorf-Sekretärin Elsa Tesmer, die 1908 für die Firma arbeitete. Warum und wieso die Beiersdorf-Strategen seinerzeit gerade einer Sekretärin so viel Ehre zuteil werden ließen, lässt sich nicht mehr rekonstruieren. Jedenfalls ließen sie den Namen

Bild 2: Heile Welt mit Tesafilm

Bild 3: Tesa-Werbung aus den 1950er Jahren. Der schneckenförmige Abroller blieb bis heute mit leichten Veränderungen im Programm

„Tesa" 1908 schützen und benannten eine Patenttube für Zahnpasta danach. Das Produkt wurde zum Flop – ebenso wie der zweite Versuch im Jahre 1926, als der Name einer neuartigen künstlichen Wurstpelle ebenfalls kein Glück am Markt brachte. Kirchberg grub das Warenzeichen in den Beiersdorf-Archiven aus und setzte es gegen den Vorstand durch, der noch die beiden Tesa-Flops ungut in Erinnerung hatte – und zu dem Namen „Pilot" riet.

Kirchberg hatte zur richtigen Zeit den richtigen Riecher, schuf passende Vertriebsstrukturen, mit dem Abroller das richtige Outfit und – nicht zu vergessen – den eingängigen Namen. Bis zu seiner Pensionierung brachte er noch tesaband, tesakrepp, tesafix und tesamoll auf die Schiene – Produkte, die wohl in jedem Haushalt zu finden sind und die in mehr als 100 Ländern vertrieben werden. Ganz am Anfang jedoch stand das verunglückte Wundpflaster mit dem zu stark klebenden Klebstoff. Seit 1936 hat sich Tesafilm übrigens äußerlich kaum verändert – seine „inneren Werte" allerdings wurden ständig dem Stand der Technik angepasst. Während der ersten Jahrzehnte bestand die Trägerfolie – der „Film" – aus Cellophan, das mit einem Kautschukkleber versehen war – die Verwandtschaft mit dem Guttaperchakleber des ersten medi-

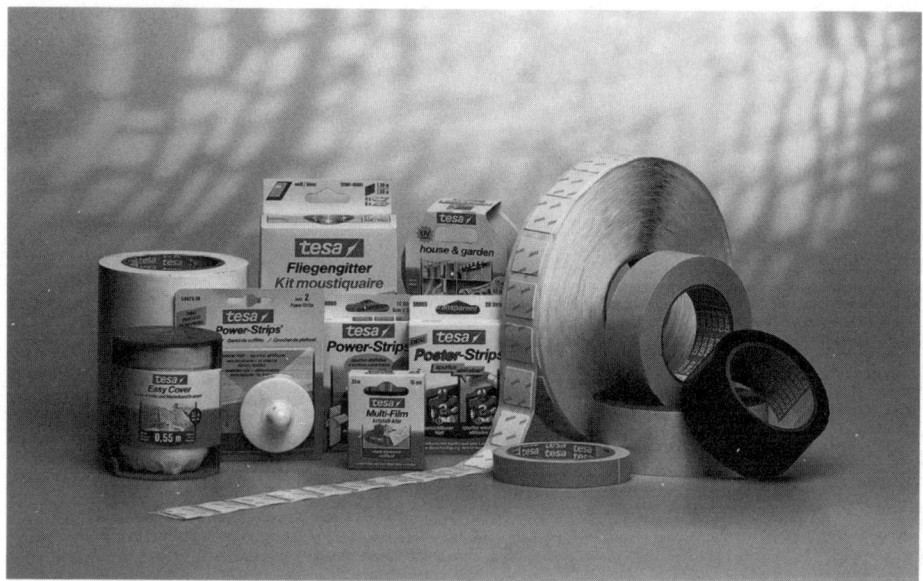

Bild 4: Aus Tesafilm wurde bald eine ganze Produktpalette, die heute in über 100 Ländern vertrieben wird

zinischen Pflasters von Paul Beiersdorf war unverkennbar. Der Kleber neigte allerdings dazu, nach einiger Zeit schmierig zu werden. In den 1960er-Jahren verdrängte PVC-Folie (Polyvinylchlorid) das Cellophan, statt der Klebmasse auf Kautschukbasis kam ein alterungsbeständigerer Acrylatkleber zum Einsatz. Während der Kleber auch heute noch verwendet wird, musste das PVC vor einigen Jahren dem ökologisch unbedenklicheren Polypropylen weichen.

Natürlich versuchten die Chemiker des Hamburger Konzerns ständig, das Produkt zu verbessern. So gelang es ihnen durch eine spezielle Klebstoffmischung, ein besonders transparentes Tesa herzustellen. Das war eigentlich für ästhetisch besonders anspruchsvolle Aufgaben gedacht: Der Klebestreifen wird zu einem „Hauch von Nichts". Verantwortlich dafür ist nicht so sehr die verwendete Folie, sondern der Kleber. Nicht in ihren abwegigsten Träumen hatten sie daran gedacht, dass diese Entwicklung das Zeug zum Datenspeicher der Zukunft haben könnte.

Auch der Mannheimer Physiker Steffen Noehte kam nicht durch intensives Marktstudium auf diese Idee, sondern aus einer Laune heraus. Seit längerem war er auf der Suche nach einem Speichermedium für digitale Hologramme. Sie gelten als Speicherform der Zukunft, da sie große Datenmengen sehr schnell und fehlertolerant speichern können. Noehte und seine Mitarbeiter fahndeten nach geeigneten Kunststoffen, auf denen sich digitale Hologramme abspeichern ließen. Kein Material stellte sie so richtig zufrieden. Doch da lag eine Tesarolle – warum sollte man es nicht mal probieren? Jetzt klappte plötzlich alles auf anhieb. „Wir wussten eigentlich gar nicht genau, was wir da machten", so Noehte im Rückblick. „Und plötzlich stellten wir fest, dass sich Tesafilm ganz hervorragend dazu eignet, um digitale Hologramme einzuspeichern."

Dass ein solches Allerweltsprodukt wie Tesafilm für eine derartige „Hightech"-Anwendung taugt, hatte zuvor niemand vermutet. Vor allem die Speicherdichte des Materials verblüffte die Forscher: Immerhin 10 Gigabyte, das ist die Datenmenge von fünfzehn CDs, passen auf eine handelsübliche 10-Meter-Rolle. Konkurrenzprodukte, so hat Steffen Noehte herausgefunden, kleben zwar auch, eignen sich aber nicht als Datenspeicher. Warum sich ausgerechnet der Tesafilm-Kunststoff so gut zur Datenspeicherung eignet, ist immer noch nicht ganz geklärt. Sicher ist nur, dass der Klebstoff für die Datenspeicherung eine entscheidende Rolle spielt. Dr. Jörn Leiber von Tesa-Hersteller Beiersdorf erklärt, warum: „Wenn man eine Folie einfach aufeinander wickelt, dann kann man schon nach wenigen Lagen nicht mehr hindurchsehen, weil das Licht an jeder dieser Lagen gebrochen wird. Das lässt sich nur verhindern, wenn man ein Material dazwischen hat, das der Folie ähnlich ist. Und das

Bild 5: „Tesa-ROM"-Datenspeicher (Modell): Ein Minilaser rotiert im Innern einer Tesarolle und schreibt digitale Hologramme in die Tesaschichten

ist in diesem Falle die Klebmasse." Der hoch transparente Kleber wurde ursprünglich entwickelt, damit der Klebefilm möglichst durchsichtig ist. Jetzt sorgt er dafür, dass man auch mit einem Laser sehr gut hindurchstrahlen kann. Und nicht zuletzt hat die Klebmasse auch die Eigenschaft, im Verbund mit der Folie einzelne Schichten zu bilden. „Damit bekomme ich eine Rolle", so Leiber, „die nicht ein Kunststoffblock ist, sondern einen Schichtenaufbau hat. Und damit habe ich so eine Art Vorformatierung, wie ich das beispielsweise auch bei einer Diskette habe, damit ich später beim Beschreiben oder beim Auslesen meine einzelnen Schichten schneller wiederfinden kann."

Praktisch könnte ein solcher Datenspeicher so aussehen, dass im Inneren einer – modifizierten – Tesarolle ein Laser rotiert, der in die verschiedenen Lagen der Rolle digitale Hologramme „einbrennt" bzw. wieder ausliest. Eine solche Anordnung ermöglicht eine extrem kompakte Bauweise, die ideal für den mobilen Einsatz wäre. Noch ist nicht klar, ob sich diese Form der Datenspeicherung durchsetzen wird. Der Bedarf für neue Formen der Datenspeicherung jedenfalls ist enorm. Die Menge der produzierten Informationen weltweit explodiert förmlich, hinzu kommt: Das gedruckte Wort verliert zunehmend an Bedeutung. Der Trend geht zu speicherhungrigen Animationen und Videos. Datenspeicher von der Rolle könnten daher zu einem gewaltigen Geschäft werden. Für die Klebeforscher bei Beiersdorf jedenfalls hat sich unvermutet ein völlig neues Geschäftsfeld aufgetan. Vom Hansaplast über Lassoband und Tesafilm zur Entwicklung von Datenspeichern – weder Paul C. Beiersdorf noch seine Nachfolger Oskar Troplowitz oder Hugo Kirchberg hätten eine solche Erfolgsgeschichte voraussehen können.

3
Göttliche Eingebung oder langweilige Predigt?

Der Siegeszug der Post-it Notes

Sie kleben auf Monitoren, Schreibtischen oder am Kühlschrank, hängen an Türen, Wänden und Regalen. Die kleinen, ursprünglich gelben Post-it Notes scheinen sich in Büro und Haushalt ungeschlechtlich zu vermehren. Kaum mehr vorstellbar die Zeit ohne die klebrigen kleinen Helfer, als man Notizen noch auf Schmierpapier schrieb und mit Tesa, Reißzwecken oder Büroklammern an ihren Bestimmungsort bannte. Dabei startete der Bestseller des US-Chemiekonzerns 3M seine Karriere erst Mitte der Achtzigerjahre des vergangenen Jahrhunderts. Und noch erstaunlicher: Am Beginn der Success Story standen ein Fehlschlag im Labor – und das Heureka-Erlebnis eines Angestellten.

Die North Presbyterian Church in St. Paul, der Hauptstadt des US-Bundesstaats Minnesota, liegt wenig idyllisch direkt am Highway 36 – ein moderner Zweckbau, dem man sein lebendiges Gemeindeleben nicht unbedingt ansieht. Pfarrer Nick VanGombos begrüßt jedes Gemeindemitglied per Handschlag, und der engagierte Kirchenchor untermalt die sonntäglichen Gottesdienste und andere Gemeindefeierlichkeiten. Dass ausgerechnet hier die geistige Wiege der kleinen, im Original gelben Zettelchen liegt, die aus heutigen Büros nicht mehr wegzudenken sind, mag für strenggläubige Presbyterianer ohne Mithilfe des Allmächtigen kaum erklärbar sein. Für säkularisierte Technikhistoriker ist es eher das Ineinandergreifen mehrerer Zufälle in der kreativen Atmosphäre eines innovativen Großkonzerns – die in einer Person zusammenliefen, die als das Paradebeispiel eines „vorbereiteten Geistes" gelten darf.

Art Fry war nicht nur eines der engagiertesten Mitglieder des presbyterianischen Kirchenchors, sondern auch Chemieingenieur in der nahe gelegenen Konzernzentrale der „Minnesota Mining and Manufacturing Company", besser bekannt unter dem Firmennamen 3M. Fry hatte eines Sonntags während des Gottesdienstes ein Problem – wieder einmal. Wie die meisten anderen Menschen auch, markierte er die zu singenden Lieder in seinem Gesangbuch mit kleinen Zetteln. Eine ungeschickte Bewegung beim Aufschlagen – und alle Zettel flatterten auf den Fußboden. Ein schneller Blick über die Schulter des Sangesbruders in der Reihe vor ihm und wildes Blättern retteten den Gesangsvortrag – und bildeten nebenbei den Keim für eines der bestverkauften Produkte von 3M.

„Während der Predigt, der ich eigentlich hätte andächtig lauschen sollen, schweiften meine Gedanken ab, und ich dachte mir: Was du brauchst, ist ein Lesezeichen, das man auf die Seiten kleben kann", erinnert sich Art Fry, „damit könnte man dann nicht nur die Seite, sondern darüber hinaus genau das Lied auf der Seite markieren, das gesungen wird." Göttliche Eingebung oder lang-

Bild 1:   Arthur Fry

weilige Predigt? Dem Chemieingenieur jedenfalls schoss der Entwicklungsfehl-
schlag durch den Kopf, den einige Jahre zuvor Frys Kollege Spencer Silver weg-
stecken musste. Silver war Ende der 1960er-Jahre Chemiker im zentralen For-
schungslabor von 3M und sollte die herkömmlichen Klebstoffe, mit denen 3M
am Markt erfolgreich war, verbessern und sich auf die Suche nach neuen Stoffen
machen. „Wir wollten etwas völlig Neues machen, ein Polymer, das man patentieren konnte", erzählt Silver – ganz im Sinne seiner Firma, die gern einen
neuen Superkleber gehabt hätte. Bei einem der Versuche schüttete er – einfach
aus Neugier – einen solchen Schuss von chemischen Einzelbausteinen in das
Reaktionsgefäß, dass eigentlich jede Polymerisation, jeder Verbindungsaufbau
zwischen ihnen abrupt hätte zum Stillstand kommen müssen. „Wenn ich vorher
in der Fachliteratur nachgeschlagen hätte, wie es sich eigentlich gehört, hätte
ich sicher von vornherein die Finger von dem Experiment gelassen", glaubt
der Chemiker. Wider allen Lehrbuchwissens entstand tatsächlich ein neues
„klebriges" Polymer, und das hatte auch ganz erstaunliche, völlig neue chemische Eigenschaften; nur von einem Superkleber hatte das Material leider
gar nichts. Es sorgte zwar für eine Art Haftung, führte aber zu keiner dauerhaf-
ten Klebebindung zwischen zwei Flächen. Letzteres aber erwartet man nun mal
von einem Superkleber.

Noch mehr diskreditierte den neuen Klebstoff, dass er mehr kohäsive als
adhäsive Eigenschaften hatte: Seine Moleküle hafteten recht gut aneinander,
allerdings nur wenig an anderen Molekülen. Das führte zu ebenso faszinieren-
den wie unbrauchbaren Eigenschaften. Wenn man den Klebstoff etwa auf eine
Oberfläche sprühte – er ließ sich erstaunlicherweise als Spray applizieren – und

Bild 2: Spencer Silver

dann ein Stück Papier darauf drückte und wieder abhob, konnte man entweder alle oder keines der Klebstoffmoleküle von der Oberfläche entfernen. Entweder also war das Papier sauber – oder die vorher besprühte Oberfläche. Die Moleküle schienen quasi eine der beiden Oberflächen zu „bevorzugen". „Das musste doch zu irgendetwas gut sein", war Silver überzeugt. Wozu allerdings, das wollte weder ihm noch den Verantwortlichen bei 3M in den Sinn kommen. Klebstoffe mussten kleben, je fester und dauerhafter, umso besser. Immerhin: die Firma ließ sich von Silver überzeugen, das Polymer zu patentieren – zu der geringst möglichen Gebühr, nur in den USA.

Damit wäre die Sache eigentlich erledigt gewesen – das Polymer in der hintersten Reihe des Laborregals Silvers, das Patent wohl abgeheftet in Ordnern der Rechtsabteilung. 3M aber erlaubt seinen Forschern, 15 % ihrer Zeit auf Projekte ihrer Wahl zu verwenden, ohne dass sie der Firma dafür Rechenschaft schuldig sind – eine Philosophie, die heute in vielen Firmen gepflegt wird, die auf Innovation setzen. Niemand kontrolliert, ob es sich tatsächlich um genau 15 % handelt; eine solche Regelung schafft aber eine Atmosphäre von Freiheit und Kreativität, die durch stures Erfüllen von Forschungsdienstplänen nicht zu erreichen wäre. Niemand kümmerte sich daher darum, als Silver an seinem unbrauchbaren klebrigen Polymer weiter herumbastelte und nach möglichen Anwendungen suchte. Nach einigen Monaten kam ihm eine Idee: eine Art klebriges Schwarzes Brett, an das man ohne Reißzwecke oder Klebeband Nachrichten anheften konnte. Nicht gerade eine „sexy" Idee, die förmlich nach einem Massenmarkt schreit – das ahnte auch Silver. Er brachte aber seine Firma dazu, ein paar solcher Haftafeln herzustellen und in die Vertriebskanäle zu schicken, und tatsächlich wurden einige davon sogar verkauft. Für Spencer Silver allerdings erwies sich der zweifellos originelle Gedanke eines klebrigen Schwarzen Brettes als Sackgasse. Das *Papier* klebrig zu machen, und zwar so, dass man es ohne Rückstände von anderen Oberflächen wieder entfernen kann, darauf kam er nicht. Fairerweise darf man dabei nicht vergessen, dass sein Umfeld bei 3M nicht gerade zu einem solchen Gedanken animierte. Bei aller Innovationsfreude lebte sein Arbeitgeber vor allem von verschiedensten Arten von Klebeband; in den USA ist die Marke Scotch ein pars pro toto für eine ganze Gattung wie in Deutschland „tesa", das Konkurrenzprodukt des deutschen Herstellers Beiersdorf. Die Erfindung eines selbstklebenden Stücks Papier hätte ja dieses Kernprodukt teilweise überflüssig gemacht.

Über fünf Jahre fristete Silvers Polymer dann tatsächlich besagtes Schattendasein in der hintersten Reihe seines Laborregals – bis Art Fry eines Sonntags des Jahres 1974 während des Gottesdienstes die Lesezeichen aus dem Gesangbuch flatterten. Lesezeichen mit Silvers Klebstoff – das müsste doch zu machen sein. Wieder so ein Geistesblitz, wie ihn Archimedes in der Wanne oder

Newton unter dem Apfelbaum traf. Papier reversibel auf Papier kleben – fünf Jahre lang waren weder Spencer Silver noch irgendjemand sonst bei 3M darauf gekommen. Warum die Eingebung nun gerade Art Fry traf, ist logisch nicht bis ins Letzte zu ergründen. Ein völlig unerkläriches Wunder allerdings ist es keineswegs – kann Art Fry doch als Paradebeispiel eines vorbereiteten Geistes gelten. Nicht nur, dass er als seit vielen Jahren bei 3M beschäftigter Chemieingenieur mit allen gängigen Produktionsverfahren und Entwicklungen des Hauses vertraut war; er gehörte sogar einer Art Querschnittsabteilung des Konzerns an, deren Aufgabe es gerade war, nach dem eventuellen Nutzen von Innovationen einer Abteilung für eine andere zu suchen. Auch mit dem eigentümlichen Klebstoff war er vertraut, und er war sich mit Silver darin einig, dass die außergewöhnlichen Eigenschaften doch zu irgendetwas gut sein müssten. Wofür, das war auch ihm seinerzeit trotz angestrengten Nachdenkens nicht eingefallen; Fry hatte die klebrige Erinnerung irgendwo in den hinteren Windungen seines Hirns „geparkt". Sein Geist war damit im wahrsten Sinn vorbereitet, als ihn der Geistesblitz im Kirchenchor traf und das auslöste, was Arthur Koestler einmal eine „Bisoziation" nannte – die plötzliche Assoziation zweier zuvor völlig unverbundener Gedanken.

Von Archimedes Wannenbad-Erlebnis unterschied sich der Geistesblitz im Kirchenchor indes gravierend. Während beim griechischen Mathematiker der Geistesblitz gleichbedeutend mit der Problemlösung war, warf die Inspiration Art Frys nur das Problem auf – die Lösung lag in weiter Ferne. So war es nicht nur falsche Scham, die Fry daran hinderte, nackt durch das Kirchenschiff zu laufen und „Heureka" zu jubeln. Stattdessen führte ihn sein erster Weg am nächsten Werktag in das Labor von Spencer Silver, der sogleich eines seiner leicht angestaubten klebrigen Schwarzen Bretter hervorholte. „Spätestens hier erkannte ich, dass es ein sehr beschwerlicher Weg bis zu selbstklebenden Lesezeichen sein würde", erinnert sich Fry. Das eine Prozent Inspiration lag hinter ihm – jetzt warteten die 99 Prozent Transpiration, die nach einem verbreiteten Sinnspruch zu jeder Erfindung gehören, auf ihren Einsatz.

Schon ein flüchtiger Blick auf das klebrige Brett offenbarte das erste Grundübel: Silvers Klebstoff haftete mit Vorliebe auf dem Brett – eben gerade nicht auf Papier. Sofern es überhaupt gelänge, ihn auf Papier aufzubringen, würde er eine klebrige Erinnerung überall dort hinterlassen, wohin man das Papier klebte. Voraussetzung für die Entwicklung selbstklebender Lesezeichen war also, ein Verfahren zu entwickeln, das den Klebstoff aufs Papier „zwang" und daran band, wohin auch immer das Papier geklebt wurde. „Hier kamen zwei Kollegen ins Spiel, die den wohl entscheidendsten Beitrag zu dem ganzen Projekt geleistet haben, ohne dass sie dafür je geehrt wurden", betont Klebstoffentwickler Spencer Silver. Mit der Arbeit Henry Courtneys und Roger Merrills, die Art Fry ins Projekt holte, begann endgültig die „Transpiration" – der Anteil an der Entwicklung des Produkts, der keinesfalls mehr Zufall und Eingebung war. Nach langen Versuchen fanden sie die gewünschte Methode: Sie impften dem Klebstoff eine Art Erinnerung daran ein, zu welchem Substrat er gehört. Was sich leicht dahin schreiben lässt, war letztlich der Grundstein für den Erfolg der Post-it Notes – und wurde ein von 3M peinlich gehütetes Betriebsgeheimnis. Noch heute ist es das Beherrschen derartiger produktionstechnischer Details, die „das Original" von seinen Nachahmern unterscheidet.

So weit war man aber noch nicht. Noch immer war es der Leitgedanke des selbstklebenden Lesezeichens, unter dem Art Fry das Projekt weitertrieb. Aber Hand aufs Herz – wer nutzt die Post-it Notes denn schon hauptsächlich als Lesezeichen? Zum 3M-Bestseller hätten Lesezeichen sicher nicht getaugt. Der entscheidende Gedanke kam wieder wie ein *flash*: „Ich schrieb meinem Abteilungsleiter einen Bericht und hatte eine Frage dazu", erinnert sich Fry. „Wir hatten gerade ein paar Proben Papier mit dem neuen Klebstoff beschichtet. Davon schnitt ich einfach ein Stück aus, klebte es auf meinen Bericht und schrieb meine Frage darauf. Mein Abteilungsleiter schrieb seine Antwort dazu und klebte es auf ein Schriftstück, das an mich ging. Während einer Kaffeepause dämmerte es uns: Was wir hier haben, ist nicht nur ein Lesezeichen; es ist ein selbstklebender Notizzettel, den man für alles Mögliche brauchen kann."

Das sich abzeichnende neue Anwendungsgebiet spornte Art Fry weiter an, die Produktion technisch in den Griff zu bekommen. Und gleich wartete das nächste Problem. 3M verfügte über jahrzehntelange Erfahrung im Herstellen von Klebeband. Egal in welcher Qualität und für welchen Zweck: Klebeband wird auf Rollen produziert. Die neuen Post-it Notes aber mussten in Blöcken produziert werden und waren darüber hinaus im Gegensatz zu Klebeband nicht auf der gesamten Rückseite, sondern nur in einem schmalen Streifen im oberen Bereich mit Klebstoff zu beschichten. „Wir brauchten dazu zwei völlig neue Maschinen, die in dieser Form bisher nirgends entwickelt worden waren."

Aber schließlich war Art Fry nicht bei einem mittelständischen Handwerksbetrieb, sondern bei einem Weltkonzern beschäftigt. Als Projektleiter „Selbstklebende Notizzettel" rief er Maschinenbauingenieure, Mechaniker und Produktionsleiter zusammen, erklärte ihnen das Problem – und ließ sich ausführlich erklären, warum sein Ansinnen gänzlich unmöglich sei. Immerhin aber gelang es dem charismatischen Chemieingenieur, seine Mitarbeiter „anzustecken"; sie durchforsteten die weltweiten Produktionsstandorte nach Maschinen, die sich für Frys abstruse Idee umrüsten ließen. Nach zwei Jahren endlich hatte Fry in seinem Versuchslabor zwei Maschinen so weit installiert, dass er

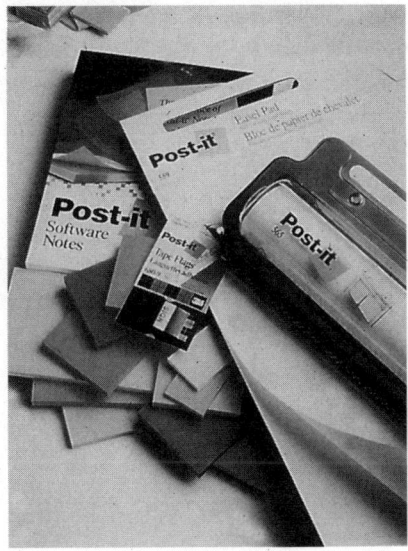

Bild 3: Post-it Notes werden heute in 27 Formaten und 33 Farben produziert

eine Art Vorserie der Notizblöcke herstellen konnte. Um die Akzeptanz zu testen, wurden sie an alle Büros im Hause verteilt. Der Erfolg war überwältigend. „Die Leute wurden förmlich süchtig danach, sobald sie die Notes einmal benutzten", erzählt der damalige Marketingchef Jack Wilkins.

Damit hätte eigentlich der Weg in den Markt bereitet sein müssen; leider aber hatte sich Art Fry zu früh gefreut. Im Jahre 1978 stand die Markteinführung eines halben Dutzends höchst nützlicher Dinge an, für klar definierte Anwendungen. Die Marketingabteilung verschickte zwar Hochglanzbroschüren über das neue Produkt; die überzeugten aber kaum jemanden, für einen kleinen Block selbstklebendes Schmierpapier über einen Dollar auszugeben. Ein Test in vier Städten war ebenfalls höchst ernüchternd: Die kleinen gelben Blöcke wurden zu Ladenhütern. In einem Akt der Verzweiflung machten sich zwei hochbezahlte 3M-Manager persönlich in eine der beiden Städte auf und versuchten, die gleiche Strategie anzuwenden, die den kleinen Zettelchen in den eigenen Büros zum Durchbruch verholfen hatte: Sie gingen von Büro zu Büro und verteilten ganze Wagenladungen der Klebeblöcke. Der Erfolg war wieder überwältigend. Beinahe jedes der Büros, das die Gratisproben bekommen hatte, orderte in den örtlichen Schreibwarenläden sofort neue Blöcke nach, sobald die Proben aufgebraucht waren. Schon 1980 hatten sich die Notes epidemieartig in den Büros der USA ausgebreitet, ein Jahr später folgte der europäische Markt.

Heute liefert 3M Post-it Notes in 27 Formaten, 33 Farben, in Blöcken, bedruckten Würfeln oder Spendern – die Haftnotizen-Familie bringt es auf über 400 Produkte. Darunter ist übrigens inzwischen auch eine selbstklebende Hafttafel – das gute alte Schwarze Brett Spencer Silvers hat es also doch noch auf den Markt geschafft.

4

Vom Gummibaum zum Autoreifen

Charles Goodyear und
die Vulkanisation von Gummi

Als im Jahre 1970 die Apollo14-Astronauten mit einem eigenwilligen Gefährt auf dem Mond herumkurvten, war dies eine der Sternstunden des amerikanischen Reifenherstellers Goodyear. Zwar war die von Goodyear konstruierte Bereifung des „lunar vehicles" nicht aus Gummi, dennoch erfuhr durch die staubige, extraterrestrische Fahrt ein Tüftler späte Ehre, der nach seiner bahnbrechenden Erfindung im Jahre 1839 völlig verarmt gestorben war. Charles Goodyear (1800–1860), nach dem sich die Reifenfirma nannte, war die Vulkanisation von Gummi gelungen – dank besessener Forschung, bei der im entscheidenden Moment der Zufall half.

Wieder mal ein Fehlschlag. Im Hochsommer des Jahres 1834 betrat Charles Goodyear, Eisenwarenhändler aus Philadelphia, die New Yorker Filiale der Roxbury India Rubber Company, des ersten Gummiherstellers in Amerika. Er zeigte dem Inhaber ein neues Ventil, das er entwickelt hatte. Vor vier Jahren schon war der Eisenwarengroßhandel seines Vaters, in dem auch Charles gearbeitet hatte, Pleite gegangen. Seither hatte der nun 34-Jährige mit verschiedenen Geschäftsmodellen versucht, finanziell wieder auf die Beine zu kommen. Aber auch das Ventil schien ein Flop zu werden. Die Gummifirma nämlich brauchte nichts weniger als Ventile; man war froh, überhaupt noch im Geschäft zu sein.

Charles Goodyear brauchte nicht lange zu fragen, warum. Sämtliche in den Regalen liegenden Gummiprodukte waren durch die Sommerhitze zu einer ekligen, fast amorphen, klebrigen Masse zusammengeschmolzen. Wer wollte schon Gummistiefel, in die man im Winter kaum hineinschlüpfen konnte, die dafür aber in der Sommerhitze jegliche Form verloren? Im Winter knochenhart und spröde, im Sommer zähflüssig-klebrig – den Leuten war die Lust an dem modernen Material gründlich vergangen. Dabei waren wasserdichte Schuhe und Kleidung aus dem neuen, aus Brasilien stammenden Material Anfang der 1830er-Jahre zum wahren Renner geworden – jetzt schien der Boom ebenso schnell wieder zu Ende. Gummi hatte keine Zukunft mehr.

Dabei hatte das elastische Material schon Kolumbus fasziniert, als er es bei den Indianern im Amazonasgebiet erstmals gesehen hatte, die Bälle daraus formten. Die Ureinwohner ritzten die Rinde des Kautschukbaums an (Kauitschu = indianisch, der weinende Baum) und entzogen ihm so seinen Milchsaft („Latex"). Nach der Trocknung entstand so der Rohkautschuk, der, wie spanische Forschungsreisende schon im 16. Jahrhundert entdeckten, zum Beschichten von Kleidungsstücken, Hüten und Schuhen benutzt wurde, um sie wasserdicht zu machen. Mehrere Jahrhunderte geriet diese Anwendung in Vergessenheit, ehe sie in den 20er-Jahren des 18. Jahrhunderts von einer schottischen Firma wieder entdeckt wurde. Und kurz darauf erlebte das Material seinen kurzen Boom in den USA – mit der postwendenden Enttäuschung.

Charles Goodyear gehörte zu den wenigen, die weiter auf das Material setzten. Sollte es nicht möglich sein, durch irgendeine Beimischung dem Gummi Temperaturbeständigkeit zu verleihen? Zeit genug zum Nachdenken sollte er haben. Zurück vom Besuch bei der Gummifirma in New York, wanderte er erst einmal wegen seiner Schulden ins Gefängnis – nicht zum ersten und auch nicht zum letzten Mal. Phasen geschäftlichen Erfolgs wechselten mit steter Regelmäßigkeit mit wirtschaftlichen Flops, und Freunde und Verwandte waren seine Bitten um Unterstützung gewohnt. Das Gummi aber sollte nun endgültig zu seiner regelrechten Besessenheit werden.

Charles Goodyear bat seine Frau, ihm Rohkautschuk und ein Nudelholz ins Gefängnis zu bringen – und begann mit den Versuchen, die ihn die nächsten Jahre begleiten sollten. Neben der mangelnden Temperaturbeständigkeit war es vor allem die Klebrigkeit des natürlichen Kautschuks, die ihm zu schaffen machte. Durch Beimischung verschiedenster Substanzen wollte er der höchst lästigen Eigenschaft abhelfen. Mit Talkum etwa erzielte er befriedigende Ergebnisse, Magnesium schien noch besser geeignet. Mittels dieser Technik – und einer großzügigen Spende eines Freundes – wagte er sich wieder einmal an den Markt. Mit Frau und Tochter produzierte er mehrere Hundert Paar Gummi-Überziehschuhe. Leider wurde die erste Charge nicht fertig, bevor der Sommer kam – und mit ihm die traurige Erkenntnis, dass die Schuhe unverkäuflich waren: Die Hitze verwandelte sie in eine amorphe Masse, höchst ungeeignet als Fußbekleidung.

Als Nächstes experimentierte der rastlose Tüftler mit Magnesium plus Kalk, danach zusätzlich mit einem Schuss Salpetersäure – *Trial and Error*, aber immerhin wurden seine Produkte immer besser: Durch Goodyears Rezept wurde der Gummi glatt und trocken, fast wie Stoff. Drei Jahre hatte er nun schon herumexperimentiert, und zum ersten Mal schien ihm ein wirklich praxistauglicher Wurf gelungen zu sein. Goodyears Material beeindruckte auch die amerikanische Regierung. Im Jahre 1837 bekam er einen Auftrag über 150 Posttaschen aus dem nach dem Salpeterverfahren hergestellten Material. Leider hielten die inneren Werte des Materials nicht, was der äußere Schein versprach: Auch die Taschen verabschiedeten sich während der Sommerhitze von jeglicher Form, noch ehe sie ausgeliefert werden konnten.

Was Goodyear und auch niemand sonst in den Vereinigten Staaten wusste: Schon im Jahre 1832 hatte der deutsche Chemiker Lüdersdorff entdeckt, dass der Kautschuk durch Beimischung von Schwefel bessere Eigenschaften erhielt. Was Goodyear indes zu Ohren kam, war die Tatsache, dass die gleiche Entdeckung wenig später auch bei der India Rubber Company in Roxbury gemacht wurde: Zumindest verlor das Material damit seine klebrigen Eigenschaften fast vollständig. Begeistert von dieser Möglichkeit, kaufte Goodyear der Firma das Verfahren ab und versuchte, es irgendwie mit den von ihm selbst entwickelten Methoden zu kombinieren. Alles Kneten und Durchmischen allerdings brachte nur unzureichenden Erfolg – bis endlich, nach fünf Jahren besessener Arbeit, der Zufall ein Einsehen hatte. Ein Stück seines Gummi-Schwefel-Gemischs fiel auf die heiße Herdplatte. Abgesehen von dem bestialischen Gestank, der dem Tüftler längst vertraut war, bemerkte Goodyear sofort, dass etwas Besonderes passiert war. Das Stück Gummi nämlich war nicht geschmolzen, sondern sah wie ein gegerbtes Stück Leder aus. Seine Tochter erinnert sich: „Als ich den Raum betrat, bemerkte ich, dass er von irgendeiner Entdeckung außergewöhnlich angeregt schien. Er hatte ein Stück Gummi in der Hand, lief damit nach draußen in die klirrende Kälte und nagelte es an die Hauswand. Am nächsten Morgen zeigte er es uns triumphierend: Es war noch genauso flexibel wie zuvor in der Wärme des Zimmers."

Bild 1: Charles Goodyear kurz vor seiner bahnbrechenden Entdeckung, wie sie sich ein Künstler zum 100jährigen Jubiläum vorstellte

Goodyear selbst wollte zeitlebens nichts vom „Zufall" hören, der ihm hier unter die Arme gegriffen haben sollte. Ein solcher Vorfall, erklärte er immer wieder, habe nur für den von Bedeutung sein können, „der hieraus eine Schlussfolgerung ziehen konnte", nur für jemanden, der sich „am meisten mit dieser Materie auseinander gesetzt hatte" – und meint damit ziemlich genau das, was Pasteur den „vorbereiteten Geist" nannte. Goodyears „Vorbereitung" ähnelt der Alexander Flemings, der ebenfalls lange vergeblich nach einer Bakterien tötenden Substanz gesucht hatte und letztlich doch nur mithilfe des Zufalls auf das Penicillin stieß (siehe im Kapitel „Schimmel in der Petrischale").

Und ähnlich wie nach Flemings Entdeckung und wie überhaupt so häufig, begann nun erst die eigentliche Arbeit. Kautschuk und Schwefel auf der glühend heißen Platte des Küchenofens zu schmoren, konnte ja kaum eine gangbare und schon gar nicht die optimale Herstellungsweise sein. Wie stark musste

Bild 2: Handarbeit statt Industrieroboter: Reifenproduktion bei Goodyear im Jahre 1916

die Mischung erhitzt werden und wie lange? Nach schier endlosem Probieren fand Charles Goodyear heraus, dass er die besten Ergebnisse erhielt, wenn er das Kautschuk-Schwefel-Gemisch unter Druck etwa fünf Stunden lang bei etwa 130 Grad Celsius Wasserdampf aussetzte. Auch diesem Ergebnis hatte sich der Erfinder via *Trial and Error* genähert – was chemisch dabei passierte, wusste Goodyear nicht, und bis zum Moleküldesign heutiger Tage war es noch ein weiter Weg. Der chemische Trick bei der „Vulkanisation", wie das Verfahren später nach dem römischen Feuergott genannt wurde: Gummi ist ein Polymer aus langkettigen Molekülen, die bei Temperaturänderung in einen völlig ungeordneten Zustand übergehen. Wird Gummi mit Schwefel erhitzt, verbinden Schwefelatome die langkettigen Gummimoleküle und halten sie so in einer mehr oder weniger parallelen Anordnung. Das verleiht der Gummimatrix auch die gewünschte Flexibilität. Und diese Flexibilität war auch die Grundlage für den ersten geschäftlichen Erfolg, den Goodyear mit Gummi hatte. Er überzeugte seinen Schwager, einen Stoffhersteller, dass sich mit dem Einweben von

Gummifäden in Herrenhemden der seinerzeit modische Kräuseleffekt erreichen ließ. Immerhin drei Cent pro Meter Stoff erhielt Goodyear als Lizenzgebühr.

Im Jahre 1844 endlich wurde ihm das US-Patent Nr. 3633 für sein Vulkanisationsverfahren erteilt, und Goodyear sprühte vor Ideen, was man aus Gummi alles fertigen könne: Schmuck, Geldscheine, Schiffssegel oder sogar ganze Schiffe, Kleidung, Fahnen oder Musikinstrumente. Während viele dieser Produkte eher Wunschtraum blieben, hören sich einige andere Vorschläge Goodyears sehr modern an: Stoßfänger für Fähren oder Taucheranzüge aus Gummi schlug er ebenso vor wie die Bereifung von Schubkarren. Dass Letzteres über die Erfindung eines gewissen John Dunlops, der den Vollgummireifen durch den aufblasbaren Pneu ersetzte, letztlich die Anwendung werden sollte, die im 20. Jahrhundert zur volumenmäßig größten Anwendung von Gummi werden würde, konnte selbst der weitsichtige Charles Goodyear nicht voraussehen: Das Auto nämlich war noch gar nicht erfunden.

Die Freude über die Patenterteilung und erste kleine geschäftliche Erfolge allerdings währte nicht lange. Insgesamt 32 Prozesse musste Goodyear allein in den USA gegen Patentpiraten führen, und in Europa verlor er seine Patentrechte völlig. Der englische Gummipionier Tom Hancock nämlich war 1843 auf das gleiche Verfahren gestoßen wie sein amerikanischer Konkurrent – ob ebenfalls mithilfe des Zufalls, ist nicht überliefert. Jedenfalls reichte Hancock sein Patent in England wenige Wochen früher ein als Goodyear. Und der war so unklug, das Angebot auszuschlagen, die Hälfte der englischen Lizenzeinnahmen zu erhalten. Im anschließenden Rechtsstreit nämlich büßte Goodyear dann sämtliche Rechte ein. Sein französisches Patent verlor er darüber hinaus aus verfahrenstechnischen Gründen. Während der Pariser Weltausstellung von 1855, wo seine Gummiexponate, wie schon vier Jahre zuvor in London, ein vielbeachtetes Highlight waren, brachte ihm ein aus dem Verlust dieser Patentrechte resultierender pekuniärer Engpass einen 16-tägigen Aufenthalt im Gefängnis ein. In den USA indes hielt Goodyear zwar die Rechte an seinem Verfahren, das hielt aber viele nicht davon ab, die Methode dreist zu kopieren und das Patent zu verletzen.

Als Charles Goodyear 1860 starb, hatte er 200 000 Dollar Schulden. Mit der heutigen Firma „Goodyear Tire and Rubber Company", die unter anderem mit den Marken Goodyear und Fulda als *Global Player* auf dem Gebiet der Autoreifen Milliardenumsätze macht, hatte Charles Goodyear übrigens nie etwas zu tun. Sie wurde erst im Jahre 1898, fast 40 Jahre nach seinem Tod gegründet – und ehrenhalber nach dem großen Wegbereiter des Gummis benannt.

5
Schimmel in der Petrischale

Alexander Fleming entdeckt das Penicillin

Das wohl bekannteste Beispiel für die Rolle, die der Zufall in der Forschung spielen kann, ist die Entdeckung des Penicillins durch Alexander Fleming (1881–1955). Eine Pilzspore, zufällig auf eine Bakterienkultur geweht, habe Fleming den Weg zu einem Medikament gewiesen, das seither Millionen von Menschen das Leben gerettet hat. Bei näherer Betrachtung erweist sich die Penicillin-Story als höchst verschlungene Entdeckungsgeschichte. Eine ganze Kette glücklicher Umstände und Zufälle, kombiniert mit höchst zielgerichteter Forschungsarbeit war nötig, ehe die bakterientötende Substanz nicht nur entdeckt war, sondern auch in großen Mengen hergestellt werden konnte. Und gleichzeitig ist die Entdeckungsgeschichte des Penicillins auch ein Beispiel dafür, wie vorgefasste Ideen den Fortgang der Forschung behindern können. Dreizehn Jahre nämlich vergingen von der ersten Entdeckung der bakterientötenden Wirkung bis zur Produktion des Medikaments, weil das Forschungsklima im Institut Flemings verhinderte, dass das ganze Potenzial der Entdeckung erkannt wurde.

Der Weg, der Alexander Fleming zu seinem Nobelpreis führte, ist sicher alles andere als eine geradlinige Karriere. 1881 im ländlichen Schottland geboren, wurde er mit nur 13 Jahren nach London zu seinem älteren Bruder geschickt. Sein Vater war früh gestorben, und im schottischen Hochland gab es wenig Möglichkeiten für eine anständige Ausbildung. Das Polytechnikum, das Alexander in London eigentlich besuchen wollte, war allerdings zu teuer. So heuerte er als 16-Jähriger als Sekretär in einer Reederei an; nicht wenig hätte gefehlt, und Fleming hätte sein berufliches Leben als Buchhalter in einem Schiffskomptoir verbracht. Als 1900 der Burenkrieg ausbrach, meldete er sich zu den „London Scottish Volunteers". Sein Regiment wurde dann doch nicht nach Südafrika geschickt, stattdessen brachte es Fleming erste Kontakte mit der Medizin – auf allerdings eher ungewöhnliche Weise. Die Volunteers hatten eine angesehene Wasserballmannschaft, bei der Fleming mitspielte – so auch bei einem Spiel gegen das zur Londoner Universität gehörende St. Mary's Hospital. Wie es ausging, ist nicht überliefert, der erste Kontakt zu seiner späteren Wirkungsstätte aber war hergestellt. Eine ansehnliche Erbschaft, die ihm sein Patenonkel hinterließ, und die moralische Unterstützung seines Bruders ermutigten ihn, ein Medizinstudium zu beginnen. Es gab zwölf *medical schools* in London, von denen eine dem jungen Fleming so unbekannt war wie die andere. Von einer aber immerhin wusste er, dass sie über ein anständiges Wasserballteam verfügte, und so schrieb er sich am St. Mary's Hospital ein.

Gern werden von Biografen auch andere Ereignisse in Flemings Leben dokumentiert, die belegen sollen, unter welch glücklichem Stern es stand. Kaum

Bild 1:   Alexander Fleming (1881–1955)

etwa hatte er die Reserve des schottischen Regiments 1914 verlassen, brach der
Erste Weltkrieg aus. Sein Regiment war eines der ersten, das an die Front verlegt und schon während der ersten Schlachten stark dezimiert wurde. Im Zweiten Weltkrieg wurde sein Haus zweimal von deutschen Bomben getroffen, ohne
dass er Schaden nahm. Und in dieses Bild vom „Hans im Glück" passt natürlich
auch gut jene Schimmelpilzspore, die zufällig seine Bakterienkulturen verunrei-
nigte und zur Entdeckung des Penicillins führte. Ohne Frage war Fleming in
seinem Leben auffallend häufig zur richtigen Zeit am richtigen Ort. Dass es
aber nicht nur das bloße Glück war, zeigt schon die *gold medal* der Londoner
Universität, mit der seine Dissertation ausgezeichnet wurde. Der frisch geba-
ckene Doktor trat im Jahre 1908 seine erste Stelle im bakteriologischen
Labor des St. Mary's Hospital an (wo er übrigens seine berufliche Laufbahn
vierzig Jahre später auch beenden sollte). Das Labor hatte sich unter Leitung
des Bakteriologen Almoth Wright ganz dem Kampf gegen Infektionskrankhei-
ten verschrieben. Wright setzte dabei voll und ganz auf Immunisierung. Er
wollte das Prinzip der Impfung dahin gehend weiterentwickeln, dass es auch
nach Ausbruch einer Krankheit noch erfolgreich eingesetzt werden konnte.
Eine direkte Bekämpfung der Erreger war für ihn nie ein Thema – was Auswirkungen auf die Geschichte des Penicillins haben sollte.

Zu Beginn des Ersten Weltkriegs verlegten Almoth Wright und Alexander
Fleming ihr Labor an die französische Front. Neben ihrem Dienst im Feldlaza-
rett sollten sie sich um eine flächendeckende Impfung der britischen Soldaten
gegen Typhus kümmern. Fleming erlebte hier konzentriert, wie wichtig ein
wirksames Mittel gegen Infektionen war. Täglich starben viele Soldaten,
deren Verletzungen eigentlich gar nicht lebensbedrohlich waren, an bakteriellen
Infektionen der Wunden. Ein Mittel gegen den Wundbrand hätte Tausenden
von Menschen das Leben gerettet. Den Ärzten standen zwar seinerzeit einige
antiseptische Mittel wie die Karbolsäure zur Verfügung; die aber machte den
weißen Blutkörperchen des Patienten schneller den Garaus als den bakteriellen
Eindringlingen. Das schwächte die natürliche Immunabwehr und brachte
damit häufig mehr Schaden als Nutzen. „Umgeben von all den infizierten Wunden der Männer, die litten und starben, ohne dass ich ihnen irgendwie helfen
konnte, wurde ich von dem tiefen Wunsch ergriffen, etwas zu finden, das
diese Mikroben töten würde", erinnerte sich Fleming später.

Bis dahin sollte es allerdings noch ein weiter Weg sein. Zurück in England,
hatte ihn der Laboralltag im St. Mary's wieder, Wrights Forschungsprogramm
zur Immunisierung stand wieder auf der Tagesordnung. Neben der Arbeit fes-
tigte Fleming seinen Ruf als begabter Künstler. Seine Mosaiken aus Bakterienkulturen waren bald über das Institut hinaus bekannt. Die Mikroorganismen
nämlich „blühen" in den verschiedensten Farben. Fleming beimpfte Petri-

schalen mit den filigransten Mustern. Nach einer Nacht im Brutschrank zeigten sich die buntesten Gemäldelandschaften, eine tanzende Ballerina oder ein blühender Garten.

Seine erste vielversprechende wissenschaftliche Entdeckung machte Alexander Fleming 1922. Ob ihm zufällig ein wenig Nasenschleim auf eine seiner Bakterienkulturen getropft ist, wie die Legende will, oder ob er das Sekret bewusst zu Testzwecken auf den Nährboden gestrichen hat, sei dahingestellt. Jedenfalls bemerkte er, dass die Bakterien an der mit Schleim benetzten Stelle nicht mehr wuchsen und abstarben – sie lösten sich förmlich auf (die Wissenschaftler sprechen von „Lysis"). Fleming hatte das *Lysozym* entdeckt, ein Enzym, das unter anderem in Nasensekret und Tränenflüssigkeit enthalten ist und eine Art natürliche Abwehr des Körpers gegen Bakterien darstellt. Der glückliche Zufall bei dieser Entdeckung war, dass es sich um Kulturen der Mikrobe *Micrococcus lysodiekticus* handelte, die Fleming seinem Nasenschleim ausgesetzt hatte. Die nämlich gehört zu den ganz wenigen Bakterienarten, die auf Lysozym ansprechen – allesamt für den Menschen wenig bedrohliche Keime (vermutlich sind sie gerade deswegen für den Menschen nicht gefährlich, da unser Körper ja mit dem Lysozym eine etablierte eigene Abwehr dagegen hat).

Für die Bekämpfung von Infektionen also erwies sich die Substanz (die Fleming übrigens nie isolieren konnte) als ungeeignet. Dennoch sollte sie den Pfad ebnen zur Entdeckung des Penicillins, indem sie, wie Pasteur sagen würde, Flemings Geist vorbereitet hat auf das Ereignis, das ihm im Sommer 1928 widerfahren sollte. Fleming hatte einen Artikel über Staphylokokken für ein Fachbuch zugesagt. Besonders interessierte ihn ein eigentümlicher Farbwechsel bei Kolonien des Eitererregers *Staphylococcus aureus*, wenn man die Kulturen einige Tage bei Raumtemperatur stehen ließ – vermutlich eine Beobachtung, die er bei seinen „Pilzmalereien" gemacht hatte. Um diesen Vorgang näher zu untersuchen, ließ er einen Stapel der Petrischalen einfach auf der Laborbank stehen, während er einige Tage Urlaub machte. Als er zurück kam, sah es schlecht aus um sein Experiment. Wie ein erster Blick zeigte, war ein großer Teil der Kulturen von Schimmelpilzen befallen. Das war zwar grundsätzlich nichts Ungewöhnliches, seine „Farbexperimente" allerdings musste er zu einem Großteil neu ansetzen.

Vor dem „Entsorgen" der Petrischalen warf er noch einen flüchtigen Blick auf die Kulturen – und machte die Entdeckung, die später, auf vielen Fotos nachgestellt, zur Legende werden sollte. In wissenschaftlicher Sachlichkeit liest sich das so: „Es wurde beobachtet, dass um eine große Kolonie des kontaminierenden Pilzes die Staphylokokkuskolonien transparent wurden und augenscheinlich der Lysis unterlagen", schrieb Fleming in seiner Fachveröffentlichung über die Entdeckung. Der Pilz schien auf irgendeine Weise die Bakte-

rien abgetötet zu haben. Diese Beobachtung sollte zu einer der meist aus-
geschmückten Anekdoten in der Wissenschaft werden. Ein Schimmelpilz,
zufällig durchs Fenster in ein Londoner Labor geweht, hat den Weg zum Penicillin gewiesen und damit Millionen von Menschen das Leben gerettet. Abgesehen davon, dass sich die Fenster in Flemings Labor nachweislich gar nicht öffnen ließen, war der Gang der Wissenschaftsgeschichte doch etwas komplizier-
ter. Und bis zum ersten Medikament sollte es noch 15 Jahre lang dauern.

Um welche Verkettung glücklicher Umstände es sich allerdings tatsächlich
bei diesem ersten Akt der Entdeckungsgeschichte des Penicillins handeln sollte,
wurde erst Jahre später klar. Die nähere Bestimmung entlarvte den Pilz als Vertreter der höchst seltenen Art *Penicillium notatum* (einem amerikanischen Pilz-
spezialisten gelang diese Bestimmung erst zwei Jahre später; Fleming selbst
meinte seinen Eindringling als Vertreter der viel häufigeren Art *Penicillium
rubrum* identifiziert zu haben). Von den vielen Stämmen, in denen *Penicillium
notatum* auftritt, produzieren nur sehr wenige bakterientötende Substanzen;
ausgerechnet der Stamm, der sich auf Flemings Nährboden einnistete, gehörte
dazu. Europaweit wurde seit Fleming kein einziger anderer Schimmelpilz
gefunden, der Penicillin produziert, und auch Flemings Stamm selbst sollte
in „freier Wildbahn" nie mehr gefunden werden (1943 wurde in Illinois ein
Stamm von *Penicillium chrysogenum* gefunden, der noch sehr viel mehr Penicillin als sein „Londoner Verwandter" produziert und damit zur industriellen Produktion von Penicillin eingesetzt wurde).

Von Tausenden möglicher Sporen also ausgerechnet jene von *Penicillium
notatum*, und die muss auch noch im genau richtigen Moment „zugeschlagen"
haben, um eine Chance gegen Flemings Kulturen gehabt zu haben. Der Pilz sel-

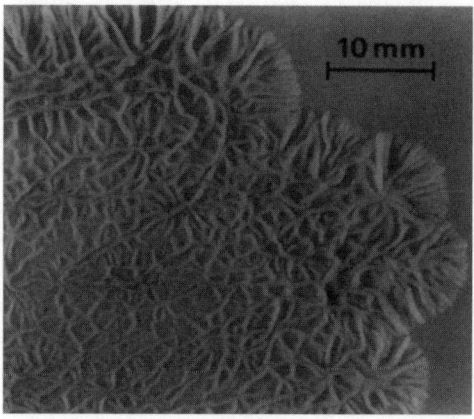

Bild 2: *Penicillium chrysogenum*, Produzent der bakterientötenden Substanz *Penicillin*

ber nämlich muss schon relativ alt sein, ehe er die Killersubstanz produziert. Die Bakterienkultur dagegen musste noch in jungem, teilungsintensivem Alter sein. Dafür mussten die Temperaturen stimmen. Wissenschaftshistoriker haben anhand Londoner Wetteraufzeichnungen rekonstruiert, dass London während der Abwesenheit Flemings nach einer relativ kalten Periode von einer Hitzewelle heimgesucht wurde. Während der kalten Tage bekam der Pilz einen „Vorsprung" im Wachstum, ehe die eher wärmeliebenden Bakterien mit ihrem Wachstum begannen. Ganz nebenbei übrigens musste es sich überhaupt um penicillinempfindliche Mikroben handeln – Penicillin nämlich wirkt keineswegs gegen alle Bakterien. Und damit das zerstörerische Werk des Pilzes überhaupt jemanden auffiel, bedurfte es noch eines vorbereiteten Geistes. „Hätte ich nicht meine frühere Erfahrung mit dem Lysozym gemacht, dann hätte ich die Platten vermutlich einfach weggeworfen, wie dies vermutlich viele Forscher vor mir getan haben", schrieb Fleming später. So aber machte sich Fleming an die nähere Untersuchung.

Da die Bakterienkulturen einige Zentimeter um den Pilz herum abstarben, war schnell klar, dass nicht der Pilz selbst dafür verantwortlich war, sondern dass er irgendeine toxische Substanz abgeben musste. Auch wenn die Isolierung und genaue Charakterisierung dieser Substanz lange Zeit nicht gelingen sollte, gab ihr Fleming schon 1929 den Namen *Penicillin*. Die Versuche, die er mit der braunen „Brühe" durchführte, die der reife Pilz absonderte, zeigten, dass sie selbst in 800facher Verdünnung noch gegen die Erreger von Diphtherie, Lungen- und Hirnhautentzündung, Scharlach und Gonorrhöe wirkte. Typhus- und Colibakterien dagegen ließ sie unbeeindruckt. Zu Hoffnung auf ein neues, wirksames Heilmittel gab die Brühe aber vor allem deshalb Anlass, da sie, wie sich unter dem Mikroskop zeigte, weiße Blutkörperchen nicht zerstörte – im Unterschied zu den bisher als Antiseptikum eingesetzten Substanzen. Diese Ungefährlichkeit des Penicillins untermauerte Fleming durch Tierversuche: Mäusen verabreichte er eine verdünnte Lösung intramuskulär, Kaninchen injizierte er sie sogar direkt in die Vene – jedes Mal ohne negative Auswirkungen.

Der logische nächste Schritt wäre gewesen, therapeutische Tierversuche zu wagen: Würde die Substanz kranke, infizierte Tiere gesunden lassen? Zu diesem Schritt indes konnte sich Fleming nie durchringen, und Wissenschaftshistoriker diskutieren bis heute, warum er dies nicht tat. Der tiefe Wunsch, der ihn laut eigenen Aussagen auf den Schlachtfeldern des Ersten Weltkriegs ergriffen hatte, ein wirksames Antiseptikum zu finden, hätte ihn doch förmlich zu solchen recht einfachen Versuchen treiben müssen. Einige Wissenschaftshistoriker glauben, dass Flemings fehlgeschlagene Versuche, Penicillin zu isolieren oder wenigstens zu konzentrieren, dazu beigetragen haben, dass er nie therapeutische

Versuche gemacht hat. Fleming selbst war kein Chemiker, und die eigens für die Isolierung eingestellten Chemiker im St. Mary's mussten unter primitivsten Bedingungen arbeiten. Sie gaben ihre Versuche nach kurzer Zeit ebenso auf wie Harold Raystrick, Chemiker an der London School of Hygiene und der einzige Wissenschaftler, der sich außerhalb des St. Mary's Hospital überhaupt mit der Substanz beschäftigte. Für seine Versuche waren Fleming wie Raystrick auf die verdünnte Pilzbrühe angewiesen, und die verlor innerhalb weniger Tage jegliche Wirksamkeit. Schon für die In-vitro-Versuche mangelte es häufig an frischem Nachschub. Im Blutserum schien sich die Substanz noch schneller zu verflüchtigen – nach 30 Minuten war im Blutstrom der mit Penicillin „behandelten" Kaninchen nichts mehr davon nachzuweisen. Wenn Penicillin aber in der Petrischale Stunden brauchte, um Bakterien zu töten, gleichzeitig aber nach einer halben Stunde im Blut nicht mehr nachweisbar war – wie hätte da ein Therapieversuch Erfolg haben können?

Dies alles mag mit dazu beigetragen haben, dass Fleming nie systematisch die therapeutische Wirksamkeit seiner Entdeckung prüfte. Einen anderen Grund aber – und sicher den entscheidenden – hebt Ernest Chain hervor, der später gemeinsam mit Fleming den Nobelpreis erhalten sollte. „Der Grund, warum Fleming nicht einmal versucht hat, dieses einfache Experiment durchzuführen, liegt meiner Meinung nach darin, dass die ganze Atmosphäre im Impflabor des St. Mary's Hospitals einem solchen Ansatz nicht zuträglich war ... In Wrights Labor wurde der bloße Gedanke, Immuntherapie durch Chemotherapie ersetzen zu können, als blanke Blasphemie betrachtet." Almoth Wright, Flemings Chef, war geradezu besessen von seinem immuntherapeutischen Ansatz. Jeglicher Form von Chemotherapie, der Bekämpfung der eingedrungenen Krankheitserreger, gab er keine Zukunft. Durch eine antibakteriell wirksame Substanz wie Penicillin wäre sein gesamter Forschungsansatz, quasi sein Lebenswerk, überflüssig oder zumindest weniger wichtig geworden (was vor der Geschichte auch so sein sollte). Chain sieht diese Atmosphäre als „gutes Beispiel dafür, wie vorgefasste Ideen in der Wissenschaft jegliche Vision ersticken und den Fortschritt verhindern können ... Es ist immer gefährlich, wenn allgemein anerkannte Theorien oder zentrale Dogmen zu ernst genommen werden".

Als sicher darf daher gelten, dass es keineswegs Bescheidenheit war, die Fleming solange von den therapeutischen Vorzügen seiner Entdeckung schweigen ließ, sondern schlicht die mangelnde Überzeugung, dass Penicillin tatsächlich das Zeug zu einem wahren Wundermittel haben könnte. Und selbst wenn er daran geglaubt hätte: Zeitzeugen sind sich einig, dass Fleming nicht der Mann war, der gegen den Strom, gegen die herrschende Laboratmosphäre neue Ansätze durchsetzen und Kollegen dafür begeistern konnte. In den insgesamt 27 Fachartikeln jedenfalls, die Fleming während des nächsten Jahrzehnts veröffentlichte, erwähnte er Penicillin als mögliches Therapeutikum nur ein einziges Mal.

Stattdessen fand Fleming bald eine andere Verwendung für Penicillin, die auch die Kollegen in Wrights Labor begrüßten. Die Substanz sei „nützlich für Bakteriologen, da sie ungewünschte Mikroben in Bakterienkulturen unterdrückt und sich so Penicillin-unempfindliche Bakterien leicht isolieren lassen". Almoth Wright hatte gerade mit Versuchen zum Pfeifferschen Drüsenfieber begonnen. Dessen Erreger *Haemophilus influenzae* ließ sich schlecht kultivieren, da die Ansätze immer wieder von anderen Bakterien verunreinigt wurden. *Haemophilus* aber, so bemerkte Fleming, gehörte zu den wenigen Bakterien, die nicht auf Penicillin ansprechen. Er brauchte also die Nährböden, auf denen die Bakterienkulturen heranreifen sollten, nur mit Penicillin zu behandeln, und schon wurden so gut wie alle anderen Mikroben, die als Störenfriede infrage kamen, abgetötet. Penicillin, die Substanz, die das Zeug dazu hatte, Millionen von Menschen das Leben zu retten, fristete über ein Jahrzehnt lang ihr Dasein als einfache Laborchemikalie.

Dass aus Penicillin mehr wurde als ein unbedeutendes Stichwort im Handbuch der Laborhilfsmittel, war dem Biochemiker Ernst Boris Chain und dem Pathologen Howard Florey zu verdanken, die ab 1938 den zweiten Akt in der Entdeckungsgeschichte des Penicillins einläuteten. Mitte der 1930er-Jahre hatte der deutsche Chemiker Gerhard Domagk gezeigt, dass bestimmte Chemikalien, die Sulfonamide, das Wachstum von Bakterien hemmen können. Mit „Prontosil" kam ein wirksames antiseptisches Medikament auf den Markt, das nur verhältnismäßig wenig Nebenwirkungen hatte (übrigens ein weiteres pharmazeutisches „Abfallprodukt" der Farbenforschung bei den mittlerweile zur I. G. Farben zusammengeschlossenen deutschen Farbwerken – siehe im Kapitel „Die Farbe Lila"). Dieser Erfolg motivierte viele Wissenschaftler, weiter nach antiseptischen Substanzen zu suchen. In Oxford beschäftigte sich der deutsch-jüdische Emigrant Ernst Chain mit der näheren Charakterisierung von Lysozym und wies nach, dass es sich um ein Polysaccharid handelt.

Als sich Chain durch die Fachliteratur fraß, um Berichte von ähnlichen Substanzen zu finden, stieß er auch auf Flemings Artikel aus dem Jahre 1929, in dem von der antibakteriellen Wirkung des Penicillins die Rede war – und von den vergeblichen Versuchen, die Substanz zu konzentrieren. In dem Biochemiker erwachte der „Jagdinstinkt". Zufällig fand sich im eigenen Haus ein Stamm von *Penicillium notatum*, den der Vorgänger des derzeitigen Laborleiters Howard Florey viele Jahre zuvor von Fleming erhalten hatte. In seinem gut ausgestatteten Labor, mit seinen chemischen Vorkenntnissen, gelang es Chain verhältnismäßig schnell, Penicillin tausendfach zu konzentrieren, wodurch es stabiler und leichter handhabbar wurde. Sofort machte er sich mit seinen Kollegen auch an kontrollierte Tierexperimente. Staphylokokkeninfizierte Mäuse wurden binnen kürzester Zeit geheilt. Im August 1940 fasste Chain seine Ergebnisse in einem Artikel für das Fachblatt *The Lancet* zusammen – ein Artikel, der weltweit Aufsehen erregte. Auch Alexander Fleming, der nach wie vor im nicht einmal 100 Kilometer entfernten Londoner St. Mary's Hospital arbeitete, las davon, und machte sich sofort zu einem Besuch in Oxford auf. „Guter Gott – ich dachte, der wäre längst tot", soll Ernst Chain gesagt haben, als ihm Flemings Besuch angekündigt wurde. Nach einem eingehenden Kennenlern-Gespräch gab Chain seinem Londoner Kollegen eine Probe des hochkonzentrierten Penicillins mit. „Solche Chemiker hätte ich damals haben sollen", soll Fleming nach seinem Besuch gesagt haben. Mit der weiteren Entwicklung allerdings hatte er nichts zu tun.

Inzwischen war der Zweite Weltkrieg ausgebrochen, der Bedarf an Medikamenten zur Bekämpfung von Wundinfektionen wurde auf dramatische Weise ins Gedächtnis der Forscher gerufen. So schnell wie möglich machte man sich in Oxford daher an erste Versuche mit Menschen. Im Januar 1941 hatte man genug konzentriertes Penicillin zur Hand, um eine Behandlung wagen zu können. Der erste Patient war ein 43-jähriger Polizist, der nach einem harmlosen Kratzer im Gesicht an einer Blutvergiftung litt. Nachdem Howard Florey ihm fünf Tage lang hohe Dosen Penicillin intravenös gespritzt hatte, besserte sich sein Zustand zusehends. Dann allerdings ging dem Arzt das Heilmittel aus – es gab kein frisches Penicillin mehr. Der Patient erlitt einen Rückfall und war nicht mehr zu retten. Wenig später wiederholte Florey die Behandlung an vier weiteren Patienten, darunter auch ein sechsjähriges Kleinkind, die alle an Staphylokokkeninfektionen litten. Alle Patienten konnten gerettet werden.

Für eine umfangreiche Produktion des neuen Medikaments suchte Florey Hilfe in den USA. Einem Landwirtschafts-Forschungsinstitut im US-Bundesstaat Illinois (übrigens dasselbe, das Flemings Pilz Jahre zuvor korrekt als *Penicillium notatum* identifiziert hatte) war es gelungen, durch eine neue Nährlösung aus Getreideabfallprodukten die Penicillinausbeute deutlich zu erhöhen. Zudem hatte eine Pilzspezialistin des Labors auf dem örtlichen Markt eine Melone mit einem „hübschen, goldenen Schimmelpilz" erstanden. Wie sich herausstellte, handelte es sich um *Penicillium chrysogenum*, und der lieferte etwa 70-mal mehr von der bakterientötenden Substanz. Diese Erfolge animierten die großen Pharmafirmen mit ihrem großtechnischen Know-how und das amerikanische Verteidigungsministerium mit seinem Geld, beim Penicillin einzusteigen. Bei Squibb, Merck, Leder und Pfizer wurden die Pilze in 150 000-Liter Fermentern gezüchtet, um den Bakterienkiller in großem Maßstab erzeugen zu können. Ab Ende 1943 wurde er an den europäischen Kriegsschauplätzen eingesetzt.

Die Forschung am Penicillin ging weiter. Bald konnte Penicillin auch in Tablettenform verabreicht werden, und 1956 gelang die Strukturaufklärung – Voraussetzung für die synthetische Herstellung der Substanz. Gleichzeitig untersuchten Biochemiker weitere Schimmelpilze auf andere bakterientötende Substanzen, die man inzwischen „Antibiotika" nannte – und wurden schnell fündig (das *Streptomycin* war im Jahre 1943 der nächste Kandidat). Einen ersten Schlusspunkt unter die Entdeckungsgeschichte des Penicillins setzte die Schwedische Akademie der Wissenschaften im Oktober 1945, als sie Fleming, Chain und Florey den Medizin-Nobelpreis zuerkannte. Fleming wurde bis zu seinem Tod im Jahre 1955 mit Preisen und Ehrungen überhäuft und wurde weltberühmt. Auch wenn das Penicillin ohne Florey und Chain seine segensreichen Wirkungen wohl nie gezeigt hätte: Den entscheidenden Anstoß hatte eine Pilzspore gegeben, die zufällig eine Bakterienkultur befallen hatte – und Alexander Flemings vorbereiteter Geist, der die bakterientötende Wirkung erkannt hatte.

6

Rasterfahndung nach Wirkstoffen

Transplantationsmedikament Cyclosporin wird durch „Random Screening" entdeckt

Nach dem Zufallsfund Alexander Flemings suchten Wissen-schaftler weltweit auch in den Absonderungen anderer Pilze nach Antibiotika – und bald auch nach allen erdenklichen sonstigen Wirkstoffen. „Random Screening" – zufälliges Durchmustern – nennen die Pharmaforscher diese Methode, die dem Zufall auf die Sprünge helfen soll. Der später im Schweizer Novartis-Konzern aufgegangenen Firma Sandoz ging auf diese Weise ihr bis heute umsatzstärkstes Medikament ins Netz. Die Substanz Cyclosporin, gefunden in einer Bodenprobe aus Norwegen, war zwar als Antibiotikum ein Flop, unterdrückte aber Teile des Immunsystems und wurde zu einem wirksamen Mittel gegen die Abstoßungsreaktion des Körpers nach Organtransplantationen. Zielstrebige Forschung, Beharrlichkeit, Teamwork und eine gehörige Portion Glück spielten bei der Entdeckung des Cyclosporins zusammen. In jüngster Zeit wurden zwei weitere Immunsuppressiva zugelassen, deren Entdeckungsgeschichte ähnlich verschlun-gen ist.

Es war der 23. Dezember 1954, als in einem Krankenhaus in Boston eine neue Ära der Medizin eingeläutet wurde. Der Chirurg Joseph Murray verpflanzte erstmals ein Organ – eine Niere – zwischen eineiigen Zwillingen. Da Zwillinge genetisch die gleiche Ausstattung haben, wurde die körpereigene Abwehr des Empfängers überlistet. Normalerweise nämlich bekämpft das Immunsystem gnadenlos alles Fremde im Körper – ob Viren, Bakterien oder fremdes Gewebe. Die Niere des Bruders „aus dem gleichen Fleische" aber ließ es unangetastet – der Patient führte nach der Operation ein normales Leben.

Leider haben die wenigsten Patienten, die ein neues Organ brauchen, eineiige Geschwister, und auch die können allenfalls eine Niere, nicht aber andere lebenswichtige Organe spenden. Im Normalfall, der „Allotransplantation", musste das Immunsystem des Empfängers mit schweren Waffen wie Röntgenbestrahlung und hohen Cortisongaben matt gesetzt werden, damit das Organ nicht abgestoßen wurde. Das aber brachte tödliche Infektionsrisiken mit sich. Das Schicksal der ersten beiden Menschen, die im Jahre 1967 ein fremdes Herz bekamen, verdeutlicht das Dilemma. Louis Washkansky starb 18 Tage nach der Operation an einer nicht mehr zu beherrschenden Lungenentzündung. Der zweite Patient, dessen Immunsystem Christian Barnaard und sein Team schonender behandelt hatten, verlor sein neues Herz 18 Monate später nach schweren Abstoßungsreaktionen. Die wenigen Ausnahmen, bei denen die Gewebetypen von Spender und Empfänger mehr oder weniger zufällig zueinander passten, bestätigten nur den allgemeinen Trend, dass Transplantationen den Patienten nur eine begrenzte Verlängerung der Lebenszeit versprachen – und dies auch nur unter schwersten Beeinträchtigungen. Die Transplantationsmedizin trat auf der Stelle.

Bis zum Jahre 1980. In diesem Jahr begann die Zahl der Transplantationen massiv anzusteigen, die Überlebensraten der verpflanzten Organe erhöhten sich drastisch. Im Jahr 2000 wurden allein in Deutschland 2219 Nieren, 780 Lebern, 418 Herzen, 244 Bauchspeicheldrüsen und 158 Lungen verpflanzt. Allein in Europa leben heute Hunderttausende von Patienten mit fremden Organen, die meisten viele Jahre und ohne große Komplikationen. Möglich wurde die drastische Zunahme der Transplantationen durch Cyclosporin – ein Wirkstoff, der nicht wahllos die gesamte Immunabwehr des Patienten lahm legt, sondern nur bestimmte Zellen hemmt, die für die Abstoßungsreaktion verantwortlich sind. Krankheitserreger können weiterhin bekämpft werden. Unter dem Handelsnamen Sandimmun (heute: Neoral) gehörte das neue Medikament bald zum täglichen Brot aller Transplantationspatienten. Das „Wundermittel" entstammte einem kleinen Pilz aus Norwegen, der in den Labors des Schweizer Sandoz-Konzerns eigentlich schon durchgefallen war. Doch der Reihe nach.

Nachdem Penicillin seit den 1940er-Jahren die Behandlung von Infektionen revolutioniert hatte, wurde schnell ein unerfreulicher Nebeneffekt der Behandlung deutlich. Häufig wurden Bakterienstämme durch zufällige Mutationen resistent gegen Penicillin. Nur mit einem anderen Antibiotikum ließ sich ihnen dann noch beikommen. Die Pharmafirmen sind daher bis heute ständig auf der Suche nach neuen Bakterienkillern. Flemings Zufallsfund im Sinn, suchen sie unter anderem in allen erdenklichen Schimmelpilzarten nach derartigen Stoffen. Schon im Jahre 1948 hatte der italienische Bakteriologe Giuseppe Brotzu auf diese Weise Erfolg. Aus den Abwässern der Stadt Cagliari, die sich vor der Küste Sardiniens ins Meer ergießen, filtrierte er den Pilz *Cephalosporium acremonium* – ein Pilz, der gleich mehrere Antibiotika produziert, die so genannten Cephalosporine.

Viele Pharmafirmen hielten bald ihre Mitarbeiter an, Bodenproben aus dem Urlaub oder von Geschäftsreisen mitzubringen. Auf wissenschaftlichen Kongressen konnte man so bald die Delegierten mit Plastikbeutel und Schäufelchen ausschwärmen sehen, um hinter dem Kongresshotel nach erdigen Mitbringseln zu suchen. Ein einziger Butterbrotbeutel Erde nämlich kann Tausende verschiedener Mikroorganismen enthalten. Die Laboranten daheim bringen einfach etwas von der Erde auf Nährböden auf, stellen das Ganze in den Brutschrank, und schon bilden sich die schönsten Kulturen (die einem beim Auftreten im heimischen Kühlschrank oder Brotschrank allerdings eher einen Schauer über den Rücken laufen lassen). Anhand ihrer „Blüte" erkennen die erfahrenen Mitarbeiter schnell, ob sie einen alten Bekannten oder eine neue Art vor sich haben, die es auf Herz und Nieren, sprich: auf Dutzende von möglichen pharmakologischen Eigenschaften, zu prüfen gilt. Wurde zunächst in erster Linie nach antibiotischen Wirkstoffen gesucht, erweiterte man die „Rasterfahndung" bald um andere mögliche Wirkungen. So wird etwa im Reagenzglas und bei Tieren untersucht, ob sich die Absonderungen des Pilzes vielleicht zum Senken des Blutdrucks, Steuern des Herzschlags oder zum Kampf gegen Krebs eignen könnten – neben vielem Anderen. „Random Screening", „zufälliges Durchmustern", nennen die Biochemiker das Verfahren, das dem Zufall quasi auf die Sprünge helfen soll und den Pharmafirmen schon Millionengewinne beschert hat.

Müßig zu fragen, ob es sich im strengen Sinne um „Zufall" handelt, wenn derart planmäßig darauf gebaut wird, dass er eintritt. Ist es „Zufall", wenn die Polizei nach einem Banküberfall die Ausfallstraßen verstärkt überwacht und ihr dabei nicht nur der Bankräuber, sondern auch gleich ein paar andere Verbrecher ins Netz gehen? In jedem Fall sind polizeiliche Rasterfahndung wie Random Screening Verfahren, die geradezu darauf bauen, Dinge zu entdecken, die nicht streng geplant vorhersehbar sind.

Wie dem auch sei, Ende der 1960er-Jahre erreichte ein erdiges Mitbringsel von der Hardanger Vidda, einer baumlosen Hochebene im Süden Norwegens, das Labor des Schweizer Sandoz-Konzerns. Wie erste Tests zeigten, fand sich darin ein Pilz, der bisher noch nie auf pharmakologisch wirksame Substanzen untersucht worden war. *Tolypocladium inflatum Gams,* so sein wenig einprägsamer Name, durchlief daher das standardmäßige Routineprogramm. Antibiotische Wirkung, so zeigte sich bald, hatten seine „Säfte" nicht, die übrigen durch das Screening erfassten Eigenschaften aber machten ihn interessant für weitere Untersuchungen. So hatte die Substanz 24-556, die er produzierte, eine gewisse „fungizide" Wirkung, hemmte also andere Pilze in ihrem Wachstum, und schien dabei nicht giftig für lebende Zellen zu sein. Beide Wirkungen waren an sich nicht sonderlich aufregend, zeichneten 24-556 aber immerhin dafür aus, an einem weiteren Screeningprogramm teilnehmen zu dürfen, in dem unter anderem auf immunsuppressive Wirkung getestet wurde. Dabei wurde ein Tierversuch mit Mäusen kombiniert mit einer anschließenden In-vitro-Untersuchung.

Nun wäre eine immunsuppressive Wirkung an sich noch nichts Besonderes gewesen; viele Mittel zerstören die Zellen des Immunsystems. Substanz 24-556 jedoch schien Abwehrreaktionen zu unterdrücken, ohne gleichzeitig Zellen zu töten. Um das Besondere dieser Entdeckung zu verstehen, muss man sich kurz den Aufbau des Immunsystems vergegenwärtigen. Grundsätzlich besteht es aus einem „spezifischen" und einem „unspezifischen" Teil. Mit „unspezifisch"

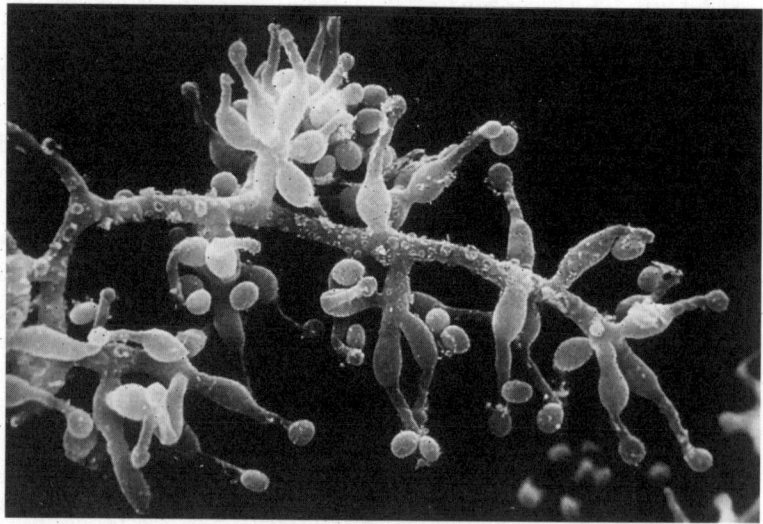

Bild 1:   *Tolypocladium inflatum,* der Pilz, der Cyclosporin liefert

bezeichnen die Wissenschaftler eine ganze Armada so genannter Fresszellen, die eingedrungene Krankheitserreger, „ohne Ansehen der Person", einfach verschlingen. Gleichzeitig übermitteln sie über ein ausgeklügeltes Kommunikationssystem den genauen Steckbrief des Eindringlings, wodurch Spezialtruppen gegen exakt diesen Eindringling aufgestellt werden. Es ist diese spezifische Abteilung des Abwehrsystems, die für die Abstoßungsreaktionen verantwortlich ist.

Die bisherigen Maßnahmen gegen die Abstoßungsreaktion bestanden schlicht im Einsatz allgemein zelltötender Maßnahmen: Krebsmittel, Cortison oder Ganzkörperbestrahlung. Da sich die Immunzellen bei ihrer Formation gegen Eindringlinge (oder ein fremdes Organ) besonders häufig teilen, treffen sie solche Maßnahmen auch in besonderer Weise. Das Problem dabei liegt auf der Hand. Es wird nicht nur das gesamte Immunsystem förmlich niedergeknüppelt, so dass auch eingedrungene Krankheitserreger nicht mehr bekämpft werden können; überdies werden auch alle anderen Zellteilungen im Körper extrem beeinträchtigt, wodurch es zu ähnlichen Nebenwirkungen wie bei einer Chemotherapie kommt.

Der Stoff, den der norwegische Pilz lieferte, hatte dagegen eine ganz erstaunliche Wirkung: Er dämpfte die Immunreaktion ohne Abtöten von Zellen. Die Forscher brauchten eine Weile, um zu verstehen, wie dies möglich war. Wie sich zeigte, unterband „Cyclosporin", wie die Chemiker Substanz 24-556 wegen ihrer cyclischen chemischen Struktur bald nannten, die Kommunikationskaskade, die zum Aufstellen der spezifischen Abwehrtruppen führt. Keine Zelle wird getötet, und der unspezifische Anteil der Abwehr, die „ramboartigen" Fresszellen, blieb sogar gänzlich unangetastet – ebenso wie die übrigen Körperzellen. „Vergleicht man die Immunantwort mit beißenden Hunden, dann ist Cyclosporin ein Maulkorb, der bestimmte Zellen des Immunsystems am Beißen hindert, ohne sie umzubringen", veranschaulicht Jean Borel, der eine zentrale Rolle bei der Entdeckung der Substanz spielte, die Wirkungsweise des neuen Medikaments. „Das war einfach zu schön, um wahr zu sein." Wie sich rückblickend zeigte, wäre der seit einiger Zeit bei Sandoz übliche Screeningtest auf Immunsuppression gar nicht geeignet gewesen, diese besondere Wirkung von Cyclosporin aufzudecken. Niemand hatte dergleichen auf der Rechnung. Es war die Kombination eines Tests der Wirkung auf Tumoren und auf Immunsuppression im gleichen Tier, die die Entdeckung ermöglichte. Erst kurz zuvor war der Test entsprechend geändert worden.

Bis zu einem wirksamen Medikament war es von hier noch ein weiter Weg mit vielen Hürden. Das nächste Problem zum Beispiel war, dass sich bei oraler Aufnahme des Medikaments einfach keine genügende hohe Konzentration des Wirkstoffes im Blut einstellen wollte. Schuld daran war dessen schlechte Wasserlöslichkeit. In umfangreichen Selbstversuchen ermittelten die am Projekt beteiligten Sandoz-Forscher die optimale Lösungsvariante: In Olivenöl löste sich die Substanz am besten und gelangte in wirksamen Konzentrationen ins Blut.

Die Entdeckungsgeschichte des Cyclosporins ist nicht nur ein Beispiel dafür, wie Pharmafirmen systematisch nach zufälligen Entdeckungen suchen, sondern auch dafür, dass moderne Forschung Teamwork ist, bei der ein Rädchen ins andere greifen muss, damit sich Erfolg einstellt. Man weiß dies im Falle des Cyclosporins heute so genau, da seine Entdeckungsgeschichte – wohl einmalig in der Wissenschaftshistorie – Gegenstand einer firmeninternen Untersuchungskommission wurde. Hintergrund war ein seit längerem schwelender Streit um die „Vaterschaft" der Entdeckung. Innerhalb weniger Jahre nämlich hatte sich eine wahre Legende um sie herum etabliert, in der der Biochemiker Jean Borel mehr und mehr zum alleinigen Helden avancierte. Sogar gegen den ausdrücklichen Willen der Geschäftsleitung habe er quasi heimlich das Medikament bis zu Ende entwickelt, las man in manchen halbwissenschaftlichen und journalistischen Darstellungen. Borels ehemaliger Chef, der heute 76-jährige, eher zurückhaltende Hartmann Stähelin, forderte seinen Anteil an der Entdeckung des Medikaments und sprach sogar von „Geschichtsfälschung" und „Wissenschaftsbetrug". Die Geschäftsführung der neuen Firma Novartis, in

Bild 2:   Sandoz-Forscher Jean Borel, der wesentlich an der Entdeckung von Cyclosporin beteiligt war

der Sandoz und Ciba-Geigy aufgingen, wollte endlich reinen Tisch machen und öffnete einer unabhängigen Kommission ihre Archive. Die minuziöse Rekonstruktion der jahrelangen Forschungs- und Entwicklungsarbeiten ist für die Wissenschaftsgeschichtsschreibung ein Glücksfall, da sich viele Aspekte moderner Forschung daraus lernen lassen.

So wird vor allem deutlich, dass der *„lonely rider"*, als der Borel bisher da stand, im heutigen Wissenschaftsbetrieb nicht mehr existiert. Ein Wilhelm Conrad Röntgen mag einsam bis spät in die Nächte hinein sein Projekt zum Erfolg getrieben haben (siehe im Kapitel „Über eine neue Art von Strahlen"); in heutigen Labors ist der Einzelne ohne sein Team nichts. Das beginnt schon damit, dass jeder auch noch so geniale Forscher heute mehr als je zuvor auf den Schultern anderer steht. Der Test auf immunsuppressive Wirkung etwa, der die überragenden Eigenschaften des Cyclosporins zu Tage förderte, war schon Teil des „Rasterfahndungsprogramms" bei Sandoz, bevor Borel zur Firma stieß. Laborleiter Hartmann Stähelin hatte es ein Jahr zuvor eingeführt. Borel indes hatte ihn tatsächlich durchgeführt; die cytotoxischen Tests allerdings fanden im persönlichen Labor Stähelins statt. Die übrige Charakterisierung der Substanz wurde wiederum von anderen Labors durchgeführt.

Die Erinnerung der beteiligten Wissenschaftler selbst ist bei derartigen Rekonstruktionen nicht immer der beste Ratgeber. „Es ist verständlich, dass die Erinnerung an die Vorgänge bei den in der ersten Phase der Entdeckung selbst Beteiligten beeinflusst wird durch subjektive Eindrücke und Interpretationen, die nicht immer den historischen Fakten entsprechen", konstatiert die Kommission mit einem Seitenhieb auf viele Vorträge und Veröffentlichungen Borels. Der nämlich habe einen Hinweis auf Stähelin in seinen Veröffentlichungen ganz gern mal „vergessen". Interessanterweise aber feilten auch viele andere an der Legende des Einzelkämpfers – unter anderem die Firma selbst, die in verschiedenen Publikationen auch lieber einen heroischen Einzelgänger feierte, statt ein kompliziertes Stück Forschung zu erzählen, bei dem Teamwork, strategische Planung, aber auch Glück und Zufall zusammenwirkten.

Während der Mitte 2001 erschienene Untersuchungsbericht also für die erste Phase der Entdeckungsgeschichte ein differenziertes Bild der beteiligten Forscher zeichnet, lässt er für die weitere Entwicklung hin zum Medikament keinen Zweifel daran, dass es die mitreißende Persönlichkeit Borels war, die sie vorantrieb – und auch dies scheint exemplarisch für den modernen Wissenschaftsbetrieb. Während Borel nicht müde wurde, Vorträge zu halten, Artikel zu publizieren und weltweit Forscher von seinem Ansatz zu überzeugen, war Stähelin „in den späteren Phasen der Entwicklung von Cyclosporin weniger involviert". So war es vor allem ein Vortrag, den Borel 1976 in London hielt, der Ärzte in Cambridge so begeisterte, dass sie sich umgehend an Transplantationsversuche mit Tieren machten und, wegen der großen Erfolge, die Substanz kurz darauf auch bei nierentransplantierten Menschen einsetzten.

Man mag beklagen, dass es meist die brillant formulierenden und selbstbewussten Menschen wie Jean Borel sind, die im Rampenlicht stehen, und die zurückhaltenden, eher introvertierten Kollegen wie Stähelin im Schatten bleiben. Auf der anderen Seite aber ist es auch dieses Werben um die eigene Sache, das Charisma, andere mitzureißen, die eine Sache erst mit letzter Konsequenz auf den Weg bringen und auf Kurs halten. Schon das Beispiel Alexander Flemings zeigte, wie sehr ein eher zaudernder Charakter den weiteren Fortschritt auch blockieren kann: Das von ihm entdeckte Penicillin wurde erst Jahrzehnte später zum Medikament weiterentwickelt. Ohne eine Persönlichkeit, die sich in eine Sache verbeißt, haben es langfristige Projekte schwer.

Umso mehr gilt dies für die Entwicklung eines Medikaments wie Cyclosporin, bei dem sich niemand so recht vorstellen konnte, dass damit viel Geld verdient werden könnte. Die Transplantationsmedizin, Stand 1972, war ein derartig kleiner Markt, dass wenig Rendite zu erwarten war. Warum geschätzte 250 Millionen Dollar in die Entwicklung eines Medikaments stecken, mit dem nach internen Schätzungen allenfalls 25 Millionen Schweizer Franken jährlich umgesetzt werden konnten? Sandoz versprach sich viel mehr zum Beispiel von entzündungshemmenden Mitteln, die zu einem der Forschungsschwerpunkte werden sollten.

Jean Borel erzählte immer wieder, die Firma habe ihn regelrecht aufgefordert, seine Zeit nicht weiter mit einem potenziellen Transplantationsmedikament zu verschwenden. Auch wenn die Untersuchungskommission „in den derzeit verfügbaren Firmendokumenten keine Belege dafür finden" kann, scheint die immunsuppressionsfeindliche Atmosphäre in den Sandoz-Labors sich in Borels Erinnerung derart massiv niedergeschlagen zu haben, dass er in seinen Erinnerungen zum Kämpfer gegen das „Establishment" wurde. „Unsere einzige Hoffnung war, eine andere mögliche Anwendung für Cyclosporin zu finden, um die Substanz überhaupt weiterentwickeln zu können", erinnert sich Borel. Die Forscher fanden bald eine solche Anwendung, die den Konzern eher überzeugen würde, weitere Mittel in die Erforschung der Substanz zu stecken. In ersten Versuchen hatte Cyclosporin auch eine Wirkung gegen chronische Entzündungen gehabt – und passte damit genau in den Schwerpunkt der Sandoz-Forschung. Die Fermenter durften also weiterlaufen, und dank Borels „Werben" schaffte es Cyclosporin innerhalb von vier Jahren zu den ersten klinischen Studien, deren Ergebnisse letztlich die Transplantationsmedizin revolutionierten.

Das Medikament jedenfalls, heute unter der Marke „Neoral" auf dem Markt, ist mit einem Jahresumsatz von 2,05 Milliarden Schweizer Franken mit Abstand das umsatzstärkste Produkt von Novartis – weit vor dem verbreiteten Antirheumatikum Voltaren mit 1,35 Milliarden Franken Jahresumsatz. Mit an dem Umsatz beteiligt sind auch andere Anwendungen, an die bei der Entwicklung niemand gedacht hatte. Während der Einsatz bei Autoimmunkrankheiten noch recht nahe am Haupteinsatzgebiet liegt, wurde die Wirkung auf Schistomen, tropische Parasiten, die die Bilharziose auslösen, rein zufällig festgestellt.

Direkt um Geld ging es übrigens bei der Auseinandersetzung zwischen dem 76-jährigen Stähelin und seinem 69-jährigen ehemaligen Mitarbeiter Borel nicht. Weder Borel noch Stähelin sind im Patent, das die Firma hält, erwähnt, und den Nobelpreis, den Viele für die Entdeckung schon auf der Liste hatten, wird es nun wohl auch nicht mehr geben. Aber auch im modernen Wissenschaftsbetrieb gibt es halt so etwas wie „Entdeckerehre".

Obwohl Cyclosporin für die Transplantationsmedizin den Durchbruch brachte, suchten auch andere Pharmafirmen weiter nach ähnlichen Substanzen. Zum einen deswegen, um nicht allein dem Konkurrenten Sandoz das nun lukrativ gewordene Feld zu überlassen, zum anderen aber auch wegen der mit zunehmendem Einsatz immer deutlicher hervortretenden Nebenwirkungen von Cyclosporin. Die Substanz führt nicht nur zu Bluthochdruck und Diabetes, sondern schädigt vor allem bei dem üblichen jahrelangen Gebrauch die Niere. Bei Nierentransplantierten wird also paradoxerweise gerade das transplantierte Organ geschädigt. Und auch Lebertransplantierte brauchen nach einigen Jahren nicht selten auch eine neue Niere.

Der japanische Konzern Fujisawa konnte Anfang der 1980er-Jahre mit einem neuen Medikament aufwarten, das weniger Nebenwirkungen hatte als Cyclosporin. Die zunächst unprosaisch als *FK506* und später als *Tacrolimus* bezeichnete Substanz entstammte einem Pilz, den die Biochemiker im hügeligen Hinterland ihres eigenen Werks in Osaka aus dem Boden gekratzt hatten. Sie war 10- bis 100-mal wirksamer als Cyclosporin, hatte allerdings auf lange Sicht die gleichen Nebenwirkungen.

Die Mitarbeiter der amerikanischen Pharmafirma Wyeth-Ayerst mussten da schon etwas weiter reisen, um ebenfalls zum Markt der Immunsuppressiva beitragen zu können. Bei der Entdeckungsgeschichte des *Rapamycins* hat sich der Zufall noch über das „Random-Screening" hinaus eingemischt. In einer Bodenprobe von den Osterinseln (*Rapa Nui* in der Eingeborenensprache) fand sich ein Pilz der Gattung *Streptomyces hygroscopicus*, der schon Mitte der 1970er-Jahre das übliche Screeningprogramm auf antibiotische Wirkung durchlief. Die Firma machte sich auf den beschwerlichen Weg der Medikamentenentwicklung, der nach den ersten klinischen Studien Ende der Siebzigerjahre wegen unerwünschter Nebenwirkungen sein Ende fand (unter anderem schädigte die Substanz die Zellen des Immunsystems ...). Zehn Jahre später, im

Sommer 1988, sollte es sich auszahlen, dass die Firma einen Mitarbeiter auf einen Kongress ins kalifornische San Diego schickte. In einem der vielen Vorträge wurde die bei Fujisawa entdeckte Substanz FK506 vorgestellt. Dem Wyeth-Ayerst Mitarbeiter kam nun sein fotografisches Gedächtnis zugute. Ihm fiel die Ähnlichkeit der chemischen Struktur von FK506 mit der des Rapamycins auf, das Jahre zuvor zu so vielen Hoffnungen Anlass gegeben hatte. Der schon abgeschriebene Wirkstoff wurde wieder hervorgeholt, eine Medikamentenprobe daraus zusammengemischt und der kalifornischen Stanford University zu Testzwecken angeboten. Die Chirurgen waren schon nach ersten Versuchen begeistert. Nach umfangreichen klinischen Studien wurde „Rapamune" 1999 von der amerikanischen Federal Drug Administration und im April 2001 auch von den deutschen Behörden zugelassen. Wie auf Grund ihrer chemischen Ähnlichkeit zu erwarten, greifen FK 506 und Rapamycin (das inzwischen auch als „Sirolimus" bezeichnet wird) am gleichen Zielprotein der Immunzellen an, der Wirkmechanismus jedoch ist ein völlig anderer. Erfreulicher Nebeneffekt: Rapamycin hat nicht die fatale schädigende Wirkung auf die Niere wie die beiden anderen Pilzabkömmlinge.

Transplantationschirurgen können mit Cyclosporin, Tacrolimus und Sirolimus heute auf drei potente Immunsuppressiva zurückgreifen, die nur Teile des Immunsystems lahm legen und in aller Regel in Kombination miteinander und mit allgemeinen Immunsuppressiva wie Cortison gegeben werden. Der zunehmende Erfolg der neuen Medikamentencocktails gegen die Abstoßungs-

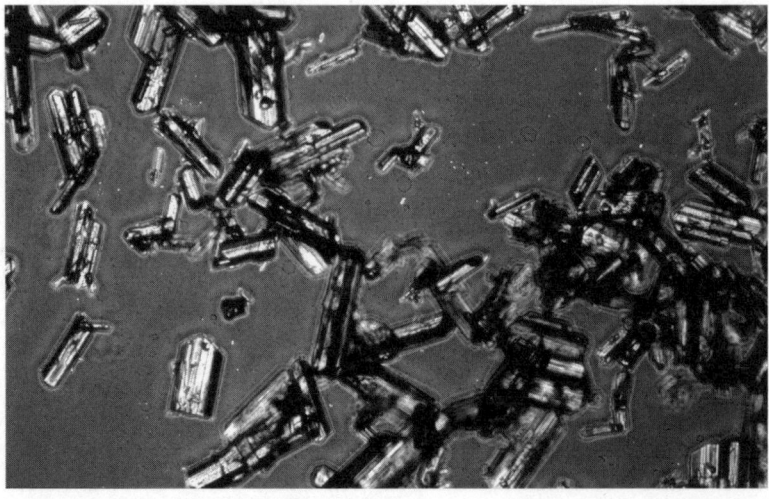

Bild 3:   Kristalle von FK506 (Tacrolimus)

Bild 4:   Immunsuppressivum Sirolismus/Rapamycin: Das aktive Molekül stammt aus der Erde der Osterinsel, von ihren Bewohnern „Rapa Nui" genannt

reaktion lässt allerdings ein anderes Problem umso schärfer zu Tage treten: der eklatante Mangel an Spenderorganen. Allein in Europa warten fast 50 000 Patienten auf ein Transplantat, nur etwa 20 000 Organe aber stehen zur Verfügung. Weder die Hoffnungen auf die Verpflanzung von Tierorganen noch auf Züchtung neuer Organe scheinen in absehbarer Zeit in Erfüllung zu gehen. Umso wichtiger ist es, dass wenigstens die durchgeführten Organverpflanzungen auch langjährigen Erfolg haben. Die kleinen Schimmelpilze und ihre Absonderungen haben daran entscheidenden Anteil – und werden daher auch künftig gefragt sein.

7
Bakterien im Magen

Helicobacter pylori als Ursache von Magengeschwüren

Millionen Menschen leiden unter Magengeschwüren. Stress und falsche Ernährung galten lange als die Ursache des quälenden Leidens. Wenn die Internisten der Erkrankung mit säurehemmenden Medikamenten nicht beikamen, leisteten die Chirurgen ganze Arbeit und entfernten große Teile des Magens. Heute gilt als gesichert, dass ein kleines Bakterium für den größten Teil aller Magengeschwüre verantwortlich ist, eine Behandlung mit Antibiotika ersetzt den chirurgischen Eingriff. Jahrelang wurden zwei australische Forscher mit dieser Hypothese verlacht. Bei der Entdeckung der Mikroben halfen der lange Atem der Forscher, ein heroischer Selbstversuch – und eine über die Osterfeiertage im Brutschrank vergessene Petrischale.

So hatte sich Barry Marshall den Alltag in der Inneren Abteilung der Uni-Klinik von Perth nicht vorgestellt. Der junge Mediziner hatte hier 1980 nach der Facharztausbildung als Gastroenterologe gerade seine erste Stelle als Spezialist für Magen/Darmkrankheiten angetreten und auf einen ruhigeren Alltag gehofft als etwa in der Chirurgie, wo unplanbare Notoperationen an der Tages- und „Nachtordnung" waren. Aber von einem ruhigen Leben keine Spur: „Jede Nacht hatten wir ein bis zwei Fälle mit blutenden Magengeschwüren", erzählt Marshall, „viele dieser Patienten wurden an einen Chirurgen überwiesen, der ihnen den halben Magen herausnahm."

Ein Magengeschwür ist eine Art Krater in der Magenwand. Die Magenschleimhaut entzündet sich und wird letztlich völlig zerstört. Das Geschwür verursacht teuflische Schmerzen, blutet häufig und kann im schlimmsten Fall sogar zum Tod führen. Die meisten Ärzte glaubten seinerzeit, dass eine übermäßige Säureproduktion des Magens solche Geschwüre auslöst. Woher die Überproduktion allerdings kam, war weit gehend ungeklärt. „Stress", lautete die allgemein akzeptierte These, schlage eben auf den Magen, Magen- und die verwandten Zwölffingerdarmgeschwüre galten somit als psychosomatische Erkrankung. Entsprechend wurde immer wieder versucht, dem Magengeschwür mit psychologischen Methoden beizukommen. Leider half „Stressabbau" als Therapie meist herzlich wenig. Viel schlimmer dran waren allerdings die Patienten, die die ganze Bandbreite medizinischer Therapie erleiden mussten. Das begann schon bei der Diagnose. Wenn der Verdacht auf ein Magengeschwür bestand, wurde der Patient gewöhnlich endoskopiert, das heißt: Ein Glasfaserkabel vom Kaliber eines kleinen Gartenschlauchs wird in seinen Magen eingeführt. Bestätigte sich die Diagnose, wurden Säureblocker in hoher Dosis verschrieben. Das Medikament „Tagamet", das in den 1970er-Jahren auf den Markt kam, erwies sich immerhin als kurzfristig wirksam, brachte aber keine dauerhafte Heilung: 80 Prozent der Patienten, die das Mittel absetzten, bekamen wieder Magengeschwüre. Letztendlich blieb vielen Patienten nur der Weg zum Chirurgen.

Barry Marshall beschloss, sich neben der frustrierenden praktischen Tätigkeit wieder ein interessantes Forschungsprojekt zu suchen. Dabei stieß er auf einen Artikel eines Pathologen in der gleichen Klinik. Robin Warren untersuchte als Pathologe sämtliche Gewebeproben, die ihm die Innere Abteilung und die Chirurgie lieferten – Aufgabe der Pathologie in allen Krankenhäusern der Welt. Unter anderem kamen ihm auch die Gewebeproben unters Mikroskop, die Patienten bei Verdacht auf Magengeschwür endoskopisch entnommen wurden. 1979 hatte Warren bei der Untersuchung einer solchen Probe eine interessante Entdeckung gemacht. „Die Probe war stark entzündet, und ich meinte, sogar Bakterien entdecken zu können. Also ließ ich die Probe einfärben, und die Bakterien waren sehr deutlich zu sehen." Aber außer Warren selbst fand das niemand interessant. Alle anderen meinten: Da muss ein Fehler vorliegen – vielleicht hatten die Bakterien erst nach der Entnahme das Gewebe befallen. In allen Lehrbüchern hieß es doch unmissverständlich: Im sauren, lebensfeindlichen Milieu des Magens gedeiht nichts. Generationen von Ärzten hatten das so schon im Grundstudium gelernt. Dieses Dogma war so festgefügt, dass viele Ärzte bei der Gastroskopie nicht einmal Handschuhe trugen oder ihre Instrumente richtig sterilisierten. Wie man heute weiß, gaben sie so häufig die Bakterien von einem Patienten an den nächsten weiter.

Obwohl Warren in verschiedenen Fachartikeln und Vorträgen auf seine Entdeckung hinwies, nahm ihn niemand ernst – schon gar nicht die Gastroenterologen, die Magenspezialisten. Sollten sie sich von einem Pathologen tatsächlich etwas über die Zustände im Magen erzählen lassen? Barry Marshall war der Erste, der Warrens Entdeckung für so brisant hielt, dass er ihn, sobald er davon erfuhr, in seinem pathologischen Institut besuchte. Eine steinige, letztendlich aber hocherfolgreiche Zusammenarbeit sollte beginnen. Gemeinsam entdeckten die beiden die seltsamen Bakterien bald bei 90 Prozent aller Patienten mit Magengeschwüren. Aber waren diese Bakterien auch die Auslöser der Geschwüre, oder waren sie einfach eine Begleiterscheinung? Nisteten sie sich vielleicht als Folge des Geschwürs ein?

Um zu beweisen, dass eine Mikrobe tatsächlich die Ursache einer Krankheit ist, gelten noch heute die vier Postulate Robert Kochs, der mit seiner Arbeit die Grundlagen der Bakteriologie geschaffen hatte: 1. Das Bakterium muss in dem erkrankten Organismus in jedem Stadium der Krankheit gefunden werden. 2. Es muss gelingen, die Mikroben aus dem erkrankten Gewebe zu isolieren und in einer Kultur zu züchten. 3. Die so gezüchteten Bakterien müssen die Krankheit in einem anderen Organismus wieder auslösen können; und 4. In dem mit den Bakterien aus der Kultur infizierten Organismus muss das Bakterium wieder nachweisbar sein. Ist auf diese Weise zweifelsfrei ein Mikroorganismus als Übeltäter entlarvt, kann man sich gezielt an seine Bekämpfung machen.

Schritt 1 war Warren und Marshall gelungen, aber schon Schritt 2 machte enorme Probleme. Dabei ist die Kultivierung das A und O für die weitere Forschung – nicht nur, um formal den Koch'schen Postulaten zu genügen, sondern weil man nur durch die Kultivierung genug Material für eine nähere Charakterisierung und Untersuchung der Mikroben erhält. Doch alle „Züchtungsversuche" schlugen zunächst fehl. Robin Warren hatte schon bei seinen frühen Beobachtungen bemerkt, dass die Bakterien denen vom Campylobactertyp ähnelten – Mikroben, die Darmentzündungen hervorrufen. Es lag daher nahe, die bei *Campylobacter* erprobten Kultivierungsmethoden auch bei den Magenbakterien anzuwenden. Dazu werden die Gewebeproben in einer Petrischale auf einen Agarnährboden aufgebracht und bei 37 Grad Celsius für zwei Tage bei geringem Sauerstoffgehalt im Brutschrank „inkubiert". „Wir testeten verschiedene Nährböden mit unterschiedlichsten Wachstumsfaktoren", erinnert sich Marshall, „wir probierten alle möglichen Sachen aus, nur das

Naheliegendste haben wir nicht getan." Die Bakterien nämlich wurden im Labor immer nur zwei Tage lang kultiviert. Wenn nach dieser Zeit nichts gewachsen war, war auch nichts mehr zu erwarten – das entsprach nun mal der Erfahrung, die für *Campylobacter* galt – und die Probe wurde in den Müll geworfen. Den Proben einfach einmal mehr Zeit zu geben, darauf kam niemand.

Vor dem Osterwochenende des Jahres 1982 aber geriet der Laboralltag völlig durcheinander. „Im Krankenhaus ging es sehr hektisch zu, viele Notfälle und Operationen, und wir wurden geradezu mit Laboraufträgen überschwemmt", erzählt der damalige Laborant John Pearman, „also entschied ich, dass wir an diesem Tag keine Helicobacterproben untersuchen würden. Wir würden sie über das verlängerte Wochenende einfach im Inkubator lassen und sie irgendwann später unter die Lupe nehmen." Die Proben blieben also vier Tage im Inkubator. Die Bakterienkulturen hatten somit zwei Tage mehr als üblich Zeit, sich in dem warmen feuchten Klima zu entwickeln. Nach dem Osterwochenende war die Überraschung perfekt. Als die Laboranten die Brutschränke öffneten, fanden sie in den Petrischalen kleine weiße Kolonien. Es war eindeutig – auf den Nährböden waren Bakterien gewachsen. Die Magenbakterien vermehrten sich einfach sehr viel langsamer als die bekannten Stämme; deshalb war die Kultivierung nach der Campylobactermethode bisher fehlgeschlagen.

Diese Bakterien, die niemand zuvor gesehen hatte, wurden auf den Namen *Helicobacter pylori* getauft, was soviel bedeutet wie „spiralförmiges Bakterium am Magenausgang". In den nächsten Monaten sicherten Marshall und Warren

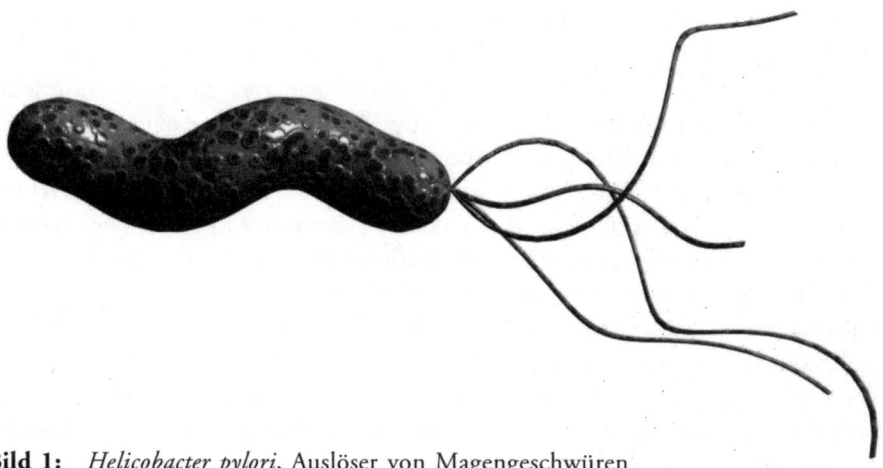

Bild 1: *Helicobacter pylori*, Auslöser von Magengeschwüren

ihre Entdeckung ab: Sie untersuchten über hundert Patienten mit Magengeschwüren, und bei allen fanden sie die Mikroben. Das langte immerhin für einen kurzen Artikel im Fachblatt *The Lancet*. Aber wo kamen die Bakterien her? Wie konnten sie im Magen überleben? Und waren sie tatsächlich die Ursache der Magengeschwüre? Die eigentliche Forschung stand nach wie vor am Anfang – noch nicht zu denken an die Frage, wie man die Erreger abtöten konnte.

Immerhin hatte Marshall durch die Kultivierung nun genügend Mikrobenmaterial für nähere Untersuchungen. Marshall dachte: Wenn es Bakterien sind, dann müsste man ihnen mit Antibiotika beikommen können. Aber alle Mittel, die er ausprobierte, halfen nichts – die Stämme wurden sehr schnell resistent. Also arbeitete er sich durch die Standardliteratur über Magengeschwüre, um zu sehen, was man in der Vergangenheit gegen sie unternommen hatte. Er begann eine systematische Literaturrecherche – und stieß auf Überraschendes. Er fand mehrere Artikel, in denen von vermeintlichen Bakterien in Magengeschwüren berichtet wurde – den ersten schon aus dem Jahre 1893! Nie wurden diese Berichte ernst genommen, erst jetzt erschienen sie in neuem Licht.

Aber Marshall stieß auf noch etwas: Schon vor hundert Jahren wurden Patienten mit Magengeschwüren mit Wismut behandelt – eine in der Zwischenzeit in Vergessenheit geratene Therapie. „Im Lichte unserer Hypothese, dass die Bakterien für Magengeschwüre verantwortlich sind, schien das gar nicht so abwegig", erklärt Marshall, „denn vor der Entdeckung des Penicillins wurde zum Beispiel die Syphilis, die durch ein ähnliches Bakterium verursacht wird, mit Quecksilber, Wismut und Arsen behandelt."

Marshall nahm also eine Petrischale und träufelte ein wenig Wismut auf die Helicobacterkultur. 24 Stunden später hatte die Wismutlösung die Bakterien abgetötet. Marshalls Vorfreude, damit ein neues, wirksames Mittel gegen Magengeschwüre gefunden zu haben, hielt allerdings nicht lange an. Patienten, denen er Wismut gab, zeigten keinerlei Besserung. Nach vielen entmutigenden Versuchen kam es dann aber bei einem Patienten doch zu einer „Wunderheilung" – die Wismuttabletten hatten alle Bakterien abgetötet. Wie sich zeigte, hatte dieser Patient wegen einer Zahnfleischentzündung gleichzeitig ein anderes Antibiotikum bekommen. Sofort testete Marshall diese Kombinationsbehandlung bei anderen Patienten – und hatte in etwa 70 Prozent aller Fälle Erfolg.

Mit diesen Ergebnissen wagte sich Marshall auf einer Konferenz in Brüssel im September 1983 endlich wieder an die wissenschaftliche Öffentlichkeit – und wieder stieß er auf Skepsis. Seine Untersuchungen wurden als „anekdotische Fallstudien" verhöhnt, eine umfassende Studie angemahnt – Barry Marshall galt als wunderlicher Außenseiter. Tatsächlich hatten die Kollegen mit ihrer Kritik nicht ganz unrecht: Die bisherigen Untersuchungen Marshalls bewiesen noch gar nichts – nicht einmal, dass die Bakterien tatsächlich die Auslöser von Magengeschwüren waren. Von den vier Kochschen Postulaten waren schließlich erst die ersten beiden erfüllt – Nachweis des Erregers im kranken Organismus und Kultivierung in einer Petrischale. Ob die isolierten Bakterienkulturen tatsächlich in der Lage waren, Magengeschwüre zu verursachen, hatte Marshall bisher nicht getestet.

Zurück in Perth, machte er sich gleich an Tierversuche – ohne Erfolg. Es gelang ihm nicht, durch die Infektion mit den Bakterien entzündliche Magen/Darmerkrankungen auszulösen. Dennoch war Marshall nach wie vor fast fanatisch überzeugt von seiner Hypothese. Die einzige Chance, seine Kollegen von ihrer Richtigkeit zu überzeugen, wäre, einen Menschen gezielt zu infizieren. Und der Einzige, der dafür infrage kam, war er selbst.

Eines Abends im Juni 1984 wagte Barry Marshall kurz entschlossen den Selbstversuch. Im Labor mischte er sich einen Helicobactercocktail zusammen und stürzte ein Glas des faulig schmeckenden Gebräus in einem Zug hinunter. Tatsächlich wurde er sehr schnell krank. Er lag nachts wach, hatte einen scheußlichen Atem, konnte kaum essen und wachte häufig um drei oder vier Uhr in der Nacht mit Magenschmerzen auf, musste sich übergeben – Zeichen einer handfesten Gastritis, Vorläufer eines Magengeschwürs. Zehn Tage nachdem er den Bakteriencocktail geschluckt hatte, ließ sich Marshall endoskopieren. In seinem Magen wimmelte es von Bakterien der Art *Helicobacter pylori*. Am 14. Tag begann er, sich mit einer Antibiotika-Wismut-Mischung zu behandeln. Schon bald besserten sich seine Symptome. Und eine erneute Endoskopie zeigte: Die Bakterien waren verschwunden.

Aber auch dieser spektakuläre Selbstversuch interessierte die internationale Gastroenterologen-Gemeinschaft wenig. Auch ein solcher Selbstversuch, so spektakulär er sein mag, ist schließlich kein wasserdichter Beweis. Und dann kam sicher ein weiterer Aspekt hinzu, warum sich Marshalls Hypothese nicht sofort weltweit durchsetzte. „Das Unglückliche an der Sache mit *Helicobacter* war, dass wir eine Heilmethode entdeckt hatten, die mit gängigen Medikamenten funktionierte – mit Antibiotika, die seit Jahren auf dem Markt waren und mit denen kein Pharmahersteller mehr großen Profit machen konnte, weil die Patente abgelaufen waren", resümiert Marshall. Niemand also trieb die neue Behandlungsmethode voran – eher schon im Gegenteil: Schließlich verdienten einige Pharmaunternehmen an ihren Säurehemmern nicht schlecht.

Was in den nächsten Jahren folgte, illustriert wieder einmal nachdrücklich, wie wenig der Zufall in der Forschung allein auszurichten vermag – selbst wenn er gleich auf mehreren Ebenen zuschlägt. Es sollte weit über 10 Jahre dauern, bis die internationale Wissenschaftlergemeinde die Hypothesen Marshalls und Warrens anerkannte. Eine Fülle klinischer Studien wurde weltweit durchgeführt, immer mehr verdichtete sich, dass *Helicobacter* die Ursache von Magengeschwüren war, und dass sie sich mit Antibiotika bekämpfen ließen. Es sollte bis zum Jahre 1994 dauern, dass das amerikanische National Institute of Health offiziell nach einer Konferenz die kleinen, spiralförmigen Bakterien als Ursache von Magengeschwüren anerkannte und die so genannte „Triple Therapie", bestehend aus zwei Antibiotika und einem Säureblocker, als Standardtherapie empfahl. Und 1995 wurde Barry Marshall mit dem angesehen Albert-Lasker Preis ausgezeichnet, der als einer der wichtigsten „Vorläufer-Preise" für den Nobelpreis gilt. Heute gilt als bewiesen, dass praktisch alle Zwölffingerdarmgeschwüre und etwa 80 % der Magengeschwüre aufs Konto von *Helicobacter* gehen. Und der hat sich in der Bevölkerung flächendeckend eingenistet.

Man weiß inzwischen auch, wodurch die Bakterien ein Magengeschwür auslösen. Der Körper, so scheint es, versucht, sich durch die Säureproduktion gegen die Infektion zu wehren. Die Bakterien überleben diese Attacke: Durch einen raffinierten Trick entziehen sie sich dem Angriff der Magensäure. Sie besitzen ein Enzym, die so genannte Urease, mit dem sie die aggressive Umgebung neutralisieren. Die Mikroben entwickeln dadurch praktisch einen chemischen Schutzmantel, mit dessen Hilfe sie ungehindert die Schleimhaut durchbohren, um sich dann in den Zellen der Magenwand einzunisten.

Viele Fragen aber sind noch offen. In europäischen Ländern sind in der Altersgruppe um 30 Jahre etwa 30 % mit dem Bakterium infiziert, bei Menschen zwischen 60 und 70 Jahren liegt die Infektionsrate noch viel höher, bei ca. 60 bis 70 %. Nur etwa 6 % der Infizierten aber entwickeln tatsächlich die Krankheit. Stress, Hektik und falsche Ernährung? Die alten Dogmen zur Entstehung von Magengeschwüren scheinen hier doch wieder zu Ehren zu kommen. Ohne das Bakterium aber, das Robin Warren Ende der 1970er-Jahre erstmals aufgefallen war, ist es so gut wie ausgeschlossen, ein Magengeschwür zu entwickeln.

Neben den neuen Behandlungsmöglichkeiten, die die australische Entdeckung Hunderttausenden von Kranken eröffnete, stimmt sie auch für den Forschungsbetrieb optimistisch. Auch in Zeiten von sündhaft teuren Mega-Forschungsprojekten, so zeigt sich, können einzelne Wissenschaftler sich mit Erfolg gegen herrschende Dogmen stemmen – selbst dann, wenn ihre Forschungsergebnisse dem Interesse der großen Konzerne entgegenstehen. Allerdings kann es etwas dauern, und auch der Zufall muss mitunter ein wenig mithelfen.

8
Über eine neue Art von Strahlen

Wilhelm Conrad Röntgen entdeckt die „X-Strahlen"

*„Über eine neue Art von Strahlen" lautete der sachlich-
bescheidene Titel eines Aufsatzes, der am 1. Januar 1896 als
Beilage zu den Sitzungsberichten der Würzburger Physika-
lisch-Medizinischen Gesellschaft erschien. Nicht gerade die
erste Adresse zur Publikation einer Sensation, aber dennoch
verbreitete sich die Entdeckung des Würzburger Physikprofes-
sors Wilhelm Conrad Röntgen (1845–1923) innerhalb
weniger Tage in aller Welt – ohne Live-Berichterstattung über
Satellit und lange vor dem Aufbau weltumspannender Kom-
munikationsnetzwerke. Vor allem die Ärzte ahnten sofort, dass
die medizinische Diagnostik durch die „X-Strahlen" in eine
völlig neue Dimension treten würde. Entdeckt wurden die
eigentümlichen Strahlen bei reiner physikalischer Grundlagenforschung.*

Universitätsverwaltung war auch schon vor über hundert Jahren eine zeitrau-
bende, forschungstötende Angelegenheit. Als Rektor der Universität Würzburg
konnte Wilhelm Conrad Röntgen ein Lied davon singen. Die administrativen

Bild 1:   Wilhelm Conrad Röntgen um 1895

Pflichten ließen ihm immer weniger Zeit für seine Forschungen. Schon seit über einem Jahr stand das Paket mit der nagelneuen „Kathodenstrahlenröhre nach Lenard" im Laborschrank, die sich Röntgen beim Glastechniker Müller-Unkel im Mai 1894 hatte anfertigen lassen. Erst im Herbst des darauf folgenden Jahres konnte sich der Physiker endlich an die lange geplanten Versuche machen.

Kathodenstrahlen – im letzten Jahrzehnt des 19. Jahrhunderts hatten sie ihren Weg aus den physikalischen Laboratorien als Kuriosum auf so manche Soiree der feinen wissenschaftlichen Gesellschaft gefunden. In einer fast luftleer gepumpten Glasröhre, in deren Enden jeweils eine Elektrode eingeschmolzen war, entstanden bei Anlegen einer Spannung die wunderlichsten Farbspiele, die bei abgedunkelten Räumen die erstauntesten „Oohs" und „Aahs" hervorriefen. Was die breite Öffentlichkeit sicher weniger wahrnahm: Kathodenstrahlen galten als eines der faszinierendsten Gebiete der Physik. Schon der englische Physiker Michael Faraday hatte sich Mitte des Jahrhunderts mit den Lumineszenzphänomenen beschäftigt, die bei elektrischen Entladungen in einer teilweise evakuierten Röhre auftraten. Die Kathode schien unsichtbare Strahlen auszusenden, die die gegenüberliegende Wandung der Glasröhre grünlich aufleuchten ließen. Hochkarätige Wissenschaftler wie William Crookes, Heinrich Hertz, Johann Wilhelm Hittorf oder Philipp Lenard widmeten einen gehörigen

Teil ihrer Forschungsarbeit diesen Strahlen und zeigten, dass sie sogar dünne Metallfolien durchdringen konnten und sich magnetisch ablenken ließen. Erst 1897 sollte dem Physiker Joseph John Thomson der Nachweis gelingen, dass es sich bei diesen Strahlen um einen Strom negativ geladener elektrischer Teilchen, Elektronen, handelt – im gleichen Jahr übrigens, in dem ein gewisser Ferdinand Braun mithilfe dieser Kathodenstrahlen den Vorläufer der Fernsehbildröhre entwickelte: Ihm gelang es, die Elektronenstrahlen quasi zu fokussieren und damit auf einer mit fluoreszierendem Material beschichteten gegenüberliegenden Glaswand Linien zu schreiben. Wandert der Lichtpunkt schnell genug über den Leuchtschirm und leuchtet die Beschichtung lange genug nach, entstehen auf dem Schirm durch die Wanderung des Lichtpunkts zusammenhängende Linien und sogar Flächen. Die „Braun'sche Röhre", als Messgerät zum Sichtbarmachen schneller elektrischer Schwingungsvorgänge entwickelt, sollte 50 Jahre später Einzug in die Wohnstuben halten und das Familienleben drastisch verändern.

Von all diesen Entwicklungen konnte Wilhelm Conrad Röntgen im Herbst des Jahres 1895 noch nichts ahnen, als auch er sich endlich seiner Kathodenstrahl-Versuchsanlage zuwandte. Er hatte nichts weniger im Sinn, als irgendetwas zu erfinden. Als theoretischen Physiker interessierte ihn einzig die Natur der Strahlen. Lenard und Hertz hatten gezeigt, dass die Strahlen die Röhre verlassen konnten – wenn auch nur wenige Zentimeter. Dieser Effekt interessierte ihn besonders, da er versprach, die eigentümliche Strahlung auch außerhalb der schwer zugänglichen Röhre untersuchen zu können. Bei der Lenard'schen Röhre traten die Kathodenstrahlen durch ein mit einer dünnen Aluminiumfolie abgedecktes Fenster aus der Röhre aus, was sich durch ein grünliches Glimmen in unmittelbarer Umgebung des Fensters verriet. Nach unzähligen Versuchen begann Röntgens Versuchsgerät zu „lecken": Die Lenard'sche Röhre ließ sich nicht mehr evakuieren, so dass der Physiker seine Versuche mit einer geschlossenen Röhre („Crook'sche Röhre") fortsetzte. Die hatte zwar kein Alufenster und überdies eine dickere Glaswandung; Röntgen glaubte aber, dass er das durch Anlegen einer höheren Spannung ausgleichen konnte. Damit das starke Leuchten in der Röhre selbst – zumal unter der erhöhten Spannung – nicht das zarte Glimmen der Strahlen außerhalb der Röhre überstrahlt, deckte er die Röhre rundum mit dünnem schwarzem Papier ab. Und um präziser nachweisen zu können, wie weit die Strahlen aus der Röhre austreten würden, bastelte er sich eine Art Leuchtschirm, den er mit Bariumplatincyanid beschichtete – eine Substanz, die dafür bekannt war, beim Auftreffen von Lichtstrahlen jeglicher Art heftig zu fluoreszieren.

Röntgen wartete, bis es dunkel wurde, schloss die Vorhänge seines Labors, löschte das Licht und schaltete die Rühmkorff'sche Spule an, die ihm die nötige

Spannung lieferte. Die schwarze Maskierung der Röhre funktionierte hervorragend – von dem hellen Leuchten in der Röhre war nichts zu sehen. Nach kurzer Zeit aber bemerkte er das erwartete grünliche Glimmen außerhalb der Röhre: Den Kathodenstrahlen war es also tatsächlich gelungen, die Glaswandung der Röhre und auch das dünne schwarze Papier zu durchdringen. Zufrieden mit dem ersten Ergebnis wollte er die Spule schon herunterregeln, als er am Ende des Labortisches, über einen Meter entfernt, ein schwaches grünliches Leuchten bemerkte. Es handelte sich um den selbst gebastelten Leuchtschirm, den er achtlos dort abgelegt hatte. Sollte doch von irgendwoher Licht ins Zimmer dringen? Oder wies die schwarze Abdeckung der Röhre ein Leck auf? Röntgen überprüfte Verdunkelung und Röhrenabdeckung – aber alles war dicht. Dennoch gab es keinen Zweifel, dass irgendetwas aus der Röhre nach außen dringen musste, denn mit dem Auf- und Abregeln der Spule veränderte sich auch die Intensität des Leuchtens. Die Kathodenstrahlen konnten dafür nicht verantwortlich sein; Lenard schon hatte gezeigt, dass sie außerhalb eines Vakuums nur wenige Zentimeter weit reichen. Röntgen nahm den Schirm und bewegte ihn vor und zurück. Bis über zwei Meter konnte er die Fluoreszenz nachweisen, und je näher er den Schirm zur Röhre führte, desto fokussierter erschien der leuchtende Fleck – für Röntgen das erste untrügliche Zeichen, dass es sich um eine „neue Art von Strahlen" handelte.

Das systematische Experimentieren steckte dem Physiker derart im Blut, dass er noch in der gleichen Nacht ganze Versuchsreihen startete. Erstaunlicherweise zeigte sich die Fluoreszenz auch, wenn er den Schirm mit der nicht beschichteten Rückseite zur Röhre wandte. Konnte die Strahlung also nicht nur das Glas der Röhre und die dünne schwarze Abdeckung, sondern auch dicken Pappkarton durchdringen – nachdem sie zwei Meter in der Luft zurückgelegt hatte? Womit würde sich die Strahlung stoppen lassen? Röntgen versuchte es mit allen erdenklichen Objekten, die er im Labor fand. Ein Kartenspiel im unsichtbaren Lichtstrahl ließ das Leuchten fast unbeeindruckt, ebenso ein tausendseitiges Buch. In den nächsten Wochen vergrub er sich im Labor und überprüfte systematisch die verschiedensten Materialien, ob sie durchlässig waren für die Strahlen. Schnell fand er heraus, dass dicke Metallplatten die Strahlen stoppten, bei Blei tat es erstaunlicherweise schon eine relativ dünne Folie. Beim Durchleuchten seiner Labortür stellte er unerklärliche Streifen fest – und scheute sich nicht, den Tischler zu rufen, um die Farbe abkratzen zu lassen. Es handelte sich um Bleiweiß – und der geringe Bleizusatz hatte genügt, die Streifen hervorzurufen. Trotz aller erdenklichen Versuche mit Magneten, Prismen und Spiegeln gelang es ihm nicht, die Strahlen abzulenken.

Schnell wurde ihm klar, dass die Beobachtung des Leuchtens auf seinem Bariumplatincyanid-Schirm nur ein sehr wenig exaktes Maß für die Beurteilung des Effekts war. Er erinnerte sich daran, dass die ebenfalls für das menschliche Auge unsichtbaren Ultraviolettstrahlen eine fotografische Platte schwärzen konnten, und probierte dies sogleich mit „seinen" neuen Strahlen – und es funktionierte. Er brauchte die Platte nicht mal von der lichtschützenden Abdeckung zu befreien, da die neuen Strahlen mühelos hindurchdrangen. Das Zeitalter der Röntgenfotografie war damit eingeläutet.

Röntgen durchleuchtete alles, was nicht niet- und nagelfest war. Im Lauf seines Jagdgewehrs ließen sich die Schrotkugeln erkennen, in der hölzernen Box die Laborgewichte. Und ob per Zufall oder aus Überlegung: Schnell merkte er, dass sich auch die Knochen in seiner Hand auf der Platte abzeichneten. Bisher hatte er mit niemandem über die Entdeckung gesprochen. Jetzt sah er sich gezwungen, wenigstens seine Frau einzuweihen. Nicht nur, weil er immer häufiger das Abendessen ausfallen ließ, sondern weil er das Durchleuchten von Körperteilen schlecht ohne Hilfe an sich allein durchführen konnte. Seinen Assistenten, so ist zu vermuten, misstraute er, dass sie die sensationellen Versuche nicht für sich behalten würden. Die Röntgenaufnahme von Bertha Röntgens Hand, die im Dezember 1895 entstand, wurde zu einem der ersten menschlichen Röntgenbilder. Kein Mensch hatte je zuvor einen Blick ins Innere

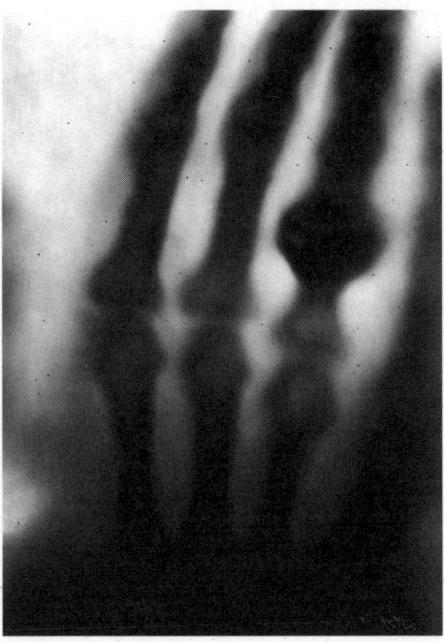

Bild 2: Eines der ersten Röntgenbilder, aufgenommen am 22. Dezember 1895, zeigt die Handknochen von Röntgens Frau (mit Ring)

eines lebenden menschlichen Körpers getan – Röntgens Strahlen läuteten eine neue Epoche in Anatomie und medizinischer Diagnostik ein.

Sechs Wochen waren inzwischen vergangen, seit der Würzburger Physiker zum ersten Mal über die neuen Strahlen „gestolpert" war, und er glaubte, sie zumindest so weit erforscht zu haben, dass er sich an die Öffentlichkeit wagen konnte. Zudem spürte er, dass die Zeit dafür drängte. Zwar herrschte Ende des 19. Jahrhunderts noch nicht der existenzielle Veröffentlichungsdruck unserer Tage („publish or perish"), dennoch wusste der erfahrene Wissenschaftler sehr wohl, wie leicht ihm jemand mit einer Veröffentlichung zuvor kommen konnte. Schließlich handelte es sich bei den Kathodenstrahlen um ein wahres Mode-Forschungsgebiet, und es war vermutlich nur eine Frage der Zeit, bis auch jemand anders auf die neuen Strahlen stoßen würde. Kurz vor Weihnachten, blieben ihm nicht mehr so viele Möglichkeiten der schnellen Publikation. Er wählte daher die Berichte der ihm vertrauten Physikalisch-Chemischen Gesellschaft Würzburg. Zum mündlichen Bericht vor der Gesellschaft reichte es zwar nicht mehr. Als Universitätsrektor fiel es ihm aber nicht schwer, die Herausgeber zu überreden, seine Abhandlung als Beilage zur nächsten Ausgabe zu drucken, die „zwischen den Jahren", am 28. Dezember 1895 erschien. Damit hatte Röntgen „seine Marke gesetzt", wusste aber natürlich auch, dass die Beilage zu den Sitzungsberichten einer regional-provinziellen Physikervereinigung kaum weltweite Beachtung finden würde. Kaum hielt er daher ein paar Sonderdrucke in Händen, verschickte er sie per Post an die führenden Physiker in ganz Europa. Die fanden somit in Ihrer Neujahrspost nicht nur die besten kollegialen Wünsche zum neuen Jahr, sondern auch Röntgens Abhandlung plus einiger der schönsten Röntgenfotografien – die Gewichtsbox, den Gewehrlauf und natürlich die Hand seiner Gattin. „Nun mag der Teufel losgehen", schrieb Röntgen in einem Begleitschreiben an einen befreundeten Wiener Wissenschaftler, „ich vermute, dass es in nächster Zeit noch einige Aufregung geben wird."

Damit sollte er Recht behalten. Welcher seiner Empfänger es war, der die Neuigkeit einem Zeitungsreporter weitergab, lässt sich nicht mehr rekonstruieren; jedenfalls witterte die Presse sofort die Sensation. Hier war endlich mal eine Nachricht aus dem universitären Elfenbeinturm, die der Allgemeinheit leicht vermittelbar war, da die Anwendungen auf der Hand lagen. Die Telegrafendrähte liefen heiß, und Röntgen wurde binnen weniger Tage zum Medienstar – ein früher Vorläufer eines Craig Venter unserer Tage. Noch vor Ende Januar 1896, also nur wenige Wochen nach der Veröffentlichung, wurden in verschiedenen Krankenhäusern Europas die ersten Röntgenaufnahmen durchgeführt, und der Meister selbst wurde zu Vorträgen geradezu herumgereicht. Am 13. Januar lud Kaiser Wilhelm II. persönlich zur Audienz nach

Bild 3: Die ersten Blicke in den lebenden menschlichen Körper: Röntgenuntersuchung 1897

Berlin, und auf Röntgens Vortrag im überfüllten großen Hörsaal des Physikalischen Instituts der Uni Würzburg schlug der greise Anatom Geheimrat von Kölliker vor, die X-Strahlen zu Ehren seines Entdeckers künftig „Röntgenstrahlen" zu nennen. Allein im Jahre 1896 erschienen über 1000 wissenschaftliche Artikel und 50 Bücher über sie.

Röntgen selbst konnte mit dem Rummel wenig anfangen. Zwar nahm er die zahlreichen Ehrungen an, die Erhebung in den Adelsstand allerdings lehnte er entschieden ab. Ebenso erteilte er auch Firmen eine Absage, die seine Erfindung vermarkten wollten und verzichtete auch darauf, sie zu patentieren. Er sah sich in der „guten Tradition deutscher Professoren", indem er der Auffassung war, dass „Erfindungen und Entdeckungen der Allgemeinheit gehören und nicht durch Patente, Lizenzverträge und dergleichen einzelnen Unternehmen vorbehalten" sein sollten. Was er selbstredend nicht ablehnte, war der Nobelpreis für Physik, der ihm – als erstem Preisträger überhaupt – 1901 für seine Entdeckung verliehen wurde. Das Preisgeld allerdings stiftete er der Universität Würzburg als Grundstock eines Fonds zur Forschungsförderung. Nebenbei bemerkt, ehrte damit gleich der erste Nobelpreis nicht nur eine wissenschaftliche Leistung, bei der der Zufall die Finger im Spiel hatte, sondern auch einen Forscher, der nicht mal das Abitur hatte. Mit 17 Jahren war Röntgen der Schule verwiesen worden, weil er, um einen Mitschüler zu decken, sich dazu bekannt hatte, die Karikatur eines Lehrers angefertigt zu haben. Der Versuch, das Abitur privat nachzuholen, misslang, da leider besagter Lehrer im Prüfungsausschuss saß. Das Eidgenössische Polytechnikum in Zürich ermöglichte ihm dennoch ein Studium – das gleiche Institut übrigens, an dem später ein ebenfalls abiturloser Patentbeamter aus Bern seine Studien aufnehmen sollte, die ihn letztendlich zur Relativitätstheorie führten.

Röntgens Forschungen über die Natur der X-Strahlen, die er in jenen letzten Wochen des Jahres 1895 durchführte, erwiesen sich als so umfassend, dass erst über ein Jahrzehnt später substanziell Neues hinzugefügt werden konnte. Heute wissen wir, dass Röntgenstrahlung eine Form elektromagnetischer Strahlung wie das sichtbare Licht oder Radiowellen ist. Während letztere besonders große Wellenlängen haben, zeichnet die Röntgenstrahlung eine extrem kurze Wellenlänge aus. Jeder Typ dieser Strahlung hat ihre eigene Art und Weise der Wechselwirkung mit verschiedenen Materialien: von einigen werden sie absorbiert, von anderen reflektiert, wieder andere werden von ihnen durchdrungen. Die Erklärung für die *Entstehung* von Röntgenstrahlen kam erst sehr viel später. Für Leser mit „Physik-Führerschein": Röntgenstrahlen entstehen, wenn sehr schnelle Elektronen auf ein Atom prallen, wodurch ein Elektron auf einer inneren Schale entfernt wird. Das Neuarrangement der Elektronenschalen wird begleitet durch die Abgabe eines Röntgen-Photons. In der Glasröhre geschieht dies, wenn die Elektronen (die „Kathodenstrahlen") auf die Glaswand treffen.

Lange bevor die theoretischen Physiker diese Erklärungen lieferten, wurde das Anwendungsspektrum der neuen Strahlen deutlich. Auf die Durchleuchtung des menschlichen Körpers hatte ja der Entdecker selbst bereits hingewiesen, bald entdeckten aber auch Werkstoffwissenschaftler die Strahlen zur zerstörungsfreien Untersuchung von Materialien. Aber auch viele Jahrzehnte später hielten Röntgenstrahlen noch Überraschungen bereit. Astrophysiker stellten fest, dass besonders massereiche Sterne ebenfalls Röntgenstrahlung aussenden, und die erlaubt eine Vielzahl von Schlüssen, die dem Licht im sichtbaren Bereich nicht zu entnehmen sind. So geben sich die verschiedenen Stadien der Sternentwicklung, ihre chemische Zusammensetzung und Temperatur zu erkennen. Röntgenteleskope in der Erdumlaufbahn ermöglichten so neue Einblicke in die Entstehungsgeschichte des Universums. In den Erdorbit müssen die Astronomen dafür übrigens deshalb, weil die Röntgenstrahlung von der Erdatmosphäre vollständig absorbiert wird – glücklicherweise, wie man mit Blick auf ihre schädigende Wirkung sagen muss.

Wilhelm Conrad Röntgen starb am 10. Februar 1923, im Alter von 78 Jahren an Darmkrebs – der aber kaum als direkte Folge seiner Strahlungsversuche interpretiert werden kann. Im Gegensatz zu vielen seiner Kollegen, die mit den X-Strahlen hantierten, trug er keinerlei Schäden durch die Strahlung davon, obwohl gerade er von der schädigenden Wirkung anfangs nichts ahnte. Vermutlich hatte er dies dem glücklichen Umstand zu verdanken, dass er früh schon seine Experimente in einem abgeschirmten Separee durchführte. Nicht, weil er den Weitblick gehabt hätte, dass Röntgenstrahlen schädlich sein könnten, sondern weil er sich die Arbeit erleichtern wollte. Nicht immer experimentierte er mit fotografischen Platten, und dann war er nach wie vor auf einen abgedunkelten Raum angewiesen. Und da war es einfacher, ein kleines Spare anstatt des ganzen Labors abzudunkeln. Die Röntgenröhre stand außerhalb, die Strahlen gelangten durch ein kleines Fenster in die „Dunkelkammer".

„Ich fand durch Zufall, dass diese Strahlen durch schwarzes Papier drangen", betonte Röntgen in vielen seiner Vorträge. So recht er mit dem Hervorheben des Zufalls hatte und so sehr ihn seine Bescheidenheit ehrt – so deutlich ist gerade auch an diesem bekannten Beispiel für Zufall in der Forschung, dass ein extrem gut vorbereiteter Geist, und jede Menge Forscherschweiß dazukommen mussten, um aus dem Zufall eine Entdeckung werden zu lassen. Fraglos war Röntgen nicht der erste, der X-Strahlen erzeugt hatte – alle, die vor ihm mit Kathodenstrahlen experimentiert hatten, konnten es gar nicht vermeiden. Einige Wissenschaftler hatten sogar beobachtet, dass fotografische Emulsionen, die sie in den Laborschränken aufbewahrten, unbrauchbar wurden. Niemand aber sah den Zusammenhang mit den Entladungen in der Vakuumröhre. Röntgen bemerkte nicht nur das eigentümliche Glimmen, sondern forschte ihm akribisch nach. Dazu kam die fast generalstabsmäßig geplante Veröffentlichung mit der parallelen „Mailing-Aktion" an seine Kollegen in aller Welt. Und ohne die Leistung des Würzburger Physikers schmälern zu wollen: Seine eigenen Versuche fußten auf der Basis eines langen Forschungsprogramms, das von Faraday und Hertz angestoßen und von vielen anderen Kollegen weiterentwickelt wurde. Allen ging es dabei um nichts als die Mehrung des Wissens und nicht um eine Erfindung wovon auch immer. Die Vorstellung ist müßig, aber immerhin amüsant, ob ein groß angelegtes medizinisches Forschungsverbundprojekt mit der Aufgabe, eine Methode zur Durchleuchtung des menschlichen Körpers zu finden, überhaupt auf die Idee gekommen wäre, mit den eigentümlichen Kathodenstrahlen zu experimentieren.

9

Der trübe Himmel über Paris

Henri Becquerel und Marie Curie entdecken die natürliche Radioaktivität

Die Entdeckung einer völlig neuen Art von Strahlen durch Wilhelm Conrad Röntgen löste unter Physikern in aller Welt eine wahre Euphorie aus. Viele von ihnen wiederholten Röntgens Versuche, um die Strahlen weiter zu erforschen. Antoine Henri Becquerel (1852–1908) in Paris wollte überprüfen, ob fluoreszierende Substanzen vielleicht Röntgenstrahlen aussandten. Mit dieser Hypothese lag er zwar daneben, entdeckte dabei aber eine „Strahlung" ganz anderer Art: die natürliche Radioaktivität. Seine Doktorandin Marie Curie entdeckte weitere radioaktive Elemente und wurde dafür gleich mit zwei Nobelpreisen ausgezeichnet.

Schon im Januar 1896 hielt auch der Direktor des Musée d'Histoire Naturelle in Paris den Artikel „Über eine neue Art von Strahlen" seines Kollegen Wilhelm Conrad Röntgen in Händen – wenige Woche nach dessen Publikation. Henri Becquerel hatte sich als Spross einer berühmten Pariser Physikerfamilie schon lange mit Fragen rund um Fluoreszenz und Phosphoreszenz beschäftigt. Schon sein Vater Edmond galt in Physikerkreisen als Spezialist auf diesem

Bild 1:   Antoine Henri Becquerel (1852–1908)

leuchtenden Gebiet der Physik. Fluoreszenz bezeichnet das Aufleuchten einer Substanz, wenn sie Strahlung ausgesetzt wird – wie z. B. der im Sonnenlicht enthaltenen UV-Strahlung. Von „Phosphoreszenz" sprechen die Wissenschaftler, wenn dieses Aufleuchten nach Ende der Bestrahlung noch „nachglimmt". Derartige Phänomene können auch ein Kind faszinieren, und so „erbte" Henri dieses wissenschaftliche Steckenpferd von seinem Vater. Auch als Professor am Pariser Polytechnikum, zu dem er – neben seinen Aufgaben als Direktor des Naturkunde-Museums – 1895 ernannt wurde, beschäftigte er sich mit dem eigentümlichen Leuchten und Glimmen.

Röntgens Versuche nun brachten ihn auf eine Idee. Bei den Kathodenstrahlversuchen gehörten Fluoreszenz- und Phosphoreszenzphänomene zur Tagesordnung. Könnte es sein, dass in der Fluoreszenz anderer Substanzen vielleicht Röntgenstrahlen „versteckt" waren? Eine bestechende Idee, die zwar leider völlig falsch war, aber dennoch zu einer Entdeckung führte, die die Welt nachhaltig verändern sollte. Als geübter Experimentator hatte Becquerel den einfachen, aber präzisen Versuchsaufbau schon vor Augen. Er würde verschiedene fluoreszierende Substanzen auf einer in schwarzes Papier gehüllten Fotoplatte in die Sonne legen. Würde sich auf der durch die Umhüllung für normales Sonnenlicht undurchlässigen Platte nach der Exposition etwas abzeichnen, könnte es sich dabei, nach allem, was man wusste, nur um Röntgenstrahlen handeln.

Becquerel holte einige der schönsten fluoreszierenden Kristalle aus seiner Sammlung und drapierte sie sorgfältig auf der Platte. Die ersten Ergebnisse waren, gelinde gesagt, durchwachsen. Bei Calciumsulfid etwa zeichnete sich nichts auf der Platte ab, bei Uransulfat dagegen schien es eine Schwärzung der Platte zu geben. Becquerel wusste, dass nur wiederholte Versuchsreihen Sicherheit bringen würden. Er konzentrierte sich dabei auf Uranverbindungen. Tatsächlich ließen sich die Ergebnisse reproduzieren, und er konnte sogar zeigen, dass die vermeintlichen Röntgenstrahlen auch dünne Aluminium- und Kupferfolien durchdringen konnten. Gerade als er erneut eine abgedunkelte Fotoplatte mit verschiedenen Kristallen bestückt hatte, verschwand die Sonne hinter dichten Wolken. Ohne Sonne aber keine Fluoreszenz und somit auch keine „Röntgenstrahlung" – glaubte Becquerel zumindest. Er legte die Platte mitsamt den Kristallen zurück in den Schrank – und wartete auf besseres Wetter.

Leider stellte sich das über mehrere Tage hinweg nicht ein – im Februar nichts Außergewöhnliches, und Becquerel vergaß seine Platte. Erst nach vier Tagen nahm er sie sich wieder vor. War es plötzliche Eingebung oder Unsicherheit, ob die eingewickelte Platte schon belichtet war oder nicht? Jedenfalls entschloss sich Becquerel, die Platte zu entwickeln, ohne sie der Sonne auszusetzen. Zu seinem Erstaunen fand er eine intensive Schwärzung an den Stellen, an denen die Urankristalle gelegen hatten. Nachdem er den Versuch mit Proben wiederholt hatte, die lange in der dunklen Schublade gelegen hatten, gab es keinen Zweifel: Der Effekt war völlig unabhängig vom Sonnenlicht, das Uran selbst musste irgendeine Art von Strahlung aussenden, die die Platte schwärzte. Wie sich zeigte, trat der Effekt bei allen Uranverbindungen auf und sogar bei uranhaltigem Erz. Nachdem Becquerel seine Ergebnisse der Pariser Akademie der Wissenschaften vorgetragen hatte, erschien sein Forschungsbericht in den Schriften der Akademie – am 24. Februar 1896, nicht einmal zwei Monate nach der Veröffentlichung Röntgens.

Die Wissenschaftler hatten also schon wieder „eine neue Art von Strahlung" zu verkraften, die noch erheblich eigentümlicher schien als Röntgens Strahlung, da sie gleichsam aus dem Nichts zu kommen schien. In der Öffentlichkeit jedoch schlug die durch den trüben Himmel über Paris begünstigte Entdeckung nicht annähernd so hohe Wogen wie die X-Strahlen; denn weder war irgendeine Art von Anwendung in Sicht, noch konnten die Wissenschaftler erklären, woher diese Strahlen denn kamen. Der Stand der Chemie im Jahre 1896 hielt auch noch keine theoretische Erklärung des Effekts bereit. Dass radioaktive Strahlung der messbare Effekt eines Atomzerfalls ist, war undenkbar. Noch herrschte die Vorstellung vom Atom als einem unteilbaren Ganzen. Erst 1897 wurde das Elektron entdeckt, und weitere 10 Jahre später erst entwickelte Ernest Rutherford die Grundzüge seines Atommodells, das aus einem positiv geladenen Kern und einer Hülle von negativ geladenen Elektronen besteht. Bis in die 30er-Jahre des 20. Jahrhunderts sollte es sogar dauern, bis das heute gängige Modell vom Aufbau eines Atoms Konturen gewann: Protonen und Neutronen im Kern, der von einer Elektronenwolke umgeben ist. Es waren nicht zuletzt die Entdeckungen Becquerels, die Anstoß für weitere Überlegungen zum inneren Aufbau der Materie gaben. Sie mündeten schließlich in Schlussfolgerungen, die Becquerel selbst noch wie eine moderne Version des alchemistischen Traums von der Elementumwandlung angemutet hätten. Durch die Abgabe radioaktiver Strahlung, das heißt Teilchen des Atoms, wandeln sich bestimmte chemische Elemente tatsächlich in andere um. So wird Uran nach einer bestimmten Zerfallszeit letztendlich zu Blei.

An der Entwicklung dieser fantastisch anmutenden Theorie war eine Doktorandin Becquerels beteiligt, die für ihre Dissertation gleich zwei Nobelpreise einheimsen konnte – die gebürtige Polin Marie Sklodowska-Curie. Auch ihre Forschungen, die sie gemeinsam mit ihrem Ehemann Pierre durchführte, wurden durch ein unerwartetes Vorkommnis in die entscheidenden Bahnen gelenkt. Die Curies wollten Becquerels Arbeiten vertiefen und nach weiteren „strahlenden" Substanzen suchen. Dabei brauchten sie übrigens nicht mehr mit fotografischen Platten zu hantieren. Schon ihrem Mentor Henri Becquerel war aufgefallen, dass die neue Strahlung Luft ionisierte, das heißt, sie elektrisch leitfähig machte. In einem einfachen Messgerät, dem Elektroskop, ließ sich dadurch der Grad der Strahlung genau messen. Marie Curie war es, die den Namen „Radioaktivität" für diese Strahlung vorschlug.

Schnell fanden Marie und Pierre Curie ein weiteres radioaktives Element: Thorium. Darüber hinaus wollten sie aber vor allem genauere Versuche mit Uran durchführen und suchten daher nach einer geeigneten „Quelle", aus der sie ausreichende Mengen des Metalls gewinnen konnten. Schon Becquerel hatte festgestellt, dass das Mineral Pechblende besonders intensiv zu strahlen

Bild 2:   Marie Curie
(1867–1934)

schien. Als die Curies verschiedene Pechblendeproben mit ihrem Elektroskop untersuchten, fanden sie etwas Erstaunliches. Einige Stücke strahlten stärker, als es selbst dann zu erwarten gewesen wäre, wenn sie aus reinem Uran bestanden hätten. Das konnte nur heißen, dass andere Substanzen darin enthalten waren. Es konnten nur sehr geringe Mengen sein, da sie mit herkömmlichen chemischen Analysemethoden nicht nachweisbar waren.

Die Curies „verfielen" förmlich der ehrgeizigen Aufgabe, diese neuen Substanzen zu finden. Sie ließen sich tonnenweise Pechblende liefern, richteten sich in einer einsamen Hütte ein einfaches Labor ein und durchkämmten mit enormem Enthusiasmus das schwarze Erz nach Spuren neuer Elemente. Drei Jahre später, im Juli 1898, hatten sie es geschafft. Sie isolierten die winzige Menge eines schwarzen Pulvers, das 400-mal stärker radioaktiv strahlte als eine gleich große Menge Uran. Sie nannten das neue Element *Polonium* – nach dem Herkunftsland Maries. Nach einigen weiteren Monaten gelang es ihnen sogar, ein noch stärker als Polonium strahlendes Element zu isolieren. Wegen seiner extremen Radioaktivität nannten sie es *Radium*.

Im Jahre 1903 reichte Marie Curie eine Zusammenfassung ihrer Arbeiten als Doktorarbeit ein, die für viele die bedeutsamste Dissertation in der Geschichte der Wissenschaft ist. Ihrer Verfasserin brachte sie gleich zwei Nobelpreise ein. 1903 erhielt sie gemeinsam mit ihrem Mann und Henri Becquerel den Physik-Nobelpreis für ihre Untersuchungen zur Radioaktivität, 1911 konnte sie allein den Chemiepreis entgegen nehmen für die Entdeckung des Poloniums und Radiums (ihr Mann Pierre war 1906 bei einem Verkehrsunfall ums Leben gekommen). Marie starb 1934 an Leukämie – ohne Zweifel eine Folge ihrer langen Exposition gegenüber radioaktiver Strahlung, deren gefährliche, erbgutschädigende Wirkung man noch nicht überblickte.

Bild 3: Pierre Curie (1859–1906)

10
Der gespaltene Kern

Otto Hahn und Lise Meitner entdecken die Kernspaltung

Die Entdeckung der Radioaktivität gab den ersten Hinweis darauf, dass das Atom keinesfalls ein unteilbares Ganzes, sondern aus kleineren Untereinheiten aufgebaut war. Als Ernest Rutherford im Jahre 1911 dann noch die ersten subatomaren Teilchen entdeckte, stocherten Physiker in aller Welt eifrig in Atomkernen herum, um ihr Inneres zu ergründen. Mehr noch: Der alte Alchemistentraum wurde Realität, dass sich Elemente ineinander umwandeln lassen. Otto Hahn (1879–1968) brach dabei sein „Spielzeug" unerwarteterweise entzwei. Die Spaltung des Urankerns sollte die Welt verändern.

Anfang der 30er-Jahre des 20. Jahrhunderts war die atomare Welt für Chemiker und Physiker endlich in Ordnung. Für die natürliche Radioaktivität, die Becquerel und Curie entdeckt hatten, gab es inzwischen eine plausible Erklärung. Das Atom war keineswegs unteilbar, sondern aus kleinen Untereinheiten aufgebaut, die es beim radioaktiven Zerfall abgab. Ernest Rutherford hatte 1911 ein einigermaßen befriedigendes Modell des Atomaufbaus geliefert, das

von Niels Bohr verfeinert wurde und heute im Chemieunterricht der Mittel-
stufe gelehrt wird. Ein positiv geladener Kern vereinigt beinahe die gesamte
Masse des Atoms, die negativ geladenen Elektronen umkreisen den Kern wie
die Planeten die Sonne. Erst durch die Entdeckung des Neutrons durch
James Chadwick aber ließen sich alle bekannten Phänomene unter einen Hut
und Ordnung in das Periodensystem der Elemente bringen. Danach besteht
der Atomkern aus positiv geladenen Protonen und nicht geladenen Neutronen.
Im einfachsten Fall ist die Anzahl von Protonen und Neutronen im Kern gleich.
Oft gibt es aber Varianten eines Elements mit anderer Neutronenanzahl: Die
Chemiker sprechen von verschiedenen „Isotopen" eines Elements.

Die Physiker erkannten schnell, dass sie mit dem Neutron ein höchst geeignetes Werkzeug hatten, um den Atomkern zu beeinflussen. Bisher hatten sie bei
ihren Experimenten Atomkerne mit so genannten Alphateilchen beschossen.
Das sind positiv geladene Teilchen (es handelt sich um nichts anderes als den
Kern des Heliumatoms, bestehend aus zwei Protonen und zwei Neutronen),
und da sich gleichartige Ladungen abstoßen, war es recht schwierig, Atomkerne
und Alphateilchen interagieren zu lassen. Mit dem ungeladenen Neutron war
das viel leichter. Durch Anlagerung eines Neutrons entstanden schnell neue Isotope eines Elements. Beim Kerne-Beschießen tat sich der italienische Chemiker
Enrico Fermi besonders hervor. Innerhalb weniger Monate erzeugte er neue Isotope von 37 Elementen. Diese waren in aller Regel höchst unstabil. Der Kern
des Aluminiumatoms etwa besteht normalerweise aus 13 Protonen und 13
Neutronen (im Periodensystem der Elemente hat Aluminium daher, nach der
Anzahl der Protonen, die Ordnungszahl 13). Während das natürlich vorkom-
mende Isotop 27 (13 Protonen und 14 Neutronen) noch relativ stabil ist,
ändert sich dies, wenn man ein weiteres Neutron hinzufügt. Schnell wandelt
sich dann eines der 15 Neutronen (unter Abgabe eines Elektrons) in ein Proton
um. Damit gibt es dann aber plötzlich 14 positiv geladene Teilchen im Kern,
womit sich das Aluminium in das Element mit der Ordnungszahl 15 gewandelt
hat – Silicium. Bei einem solchen Zerfall entsteht radioaktive Strahlung.

Was sich wie alchemistische Zauberei anhört, ist für Chemiker und Physiker
heute nichts weiter Besonderes. Und auch für Fermi wurde es schnell Routine,
aus einem Element das nächst schwerere herzustellen. Spannend wurde es für
ihn, als er sich das schwerste damals bekannte Element vornahm und dessen
Kern mit Neutronen beschoss. Was würde mit dem Urankern (92 Protonen)
passieren, wenn man ihm weitere Neutronen hinzufügte? Die Jagd auf die
„Transurane", noch unbekannte Elemente jenseits des Urans, hatte begonnen.
An diesem Punkt betraten – 1934 – Otto Hahn und Lise Meitner vom Berliner
Kaiser Wilhelm Institut die Szene und lieferten sich mit Fermi einen Wettstreit
um die Entdeckung des Elements 93. Aus dem Periodensystem der Elemente

glaubten sie folgern zu können, dass dieses neue Element in seinen Eigenschaften dem Rhenium ähneln müsste. Das sollte sich später zwar als falsch herausstellen, aber zumindest war es der Grund, weshalb sowohl Fermi als auch die Berliner Forscher Rhenium als „Trägerelement" bei ihren Versuchen einsetzten. Man gab Rhenium mit in die Versuchskammer, um es anschließend aus ihr zu isolieren. Das eventuell neu entstandene Element 93 würde – da dem Rhenium chemisch ähnlich – dabei „mitgezogen" werden und sich durch radioaktive Strahlung verraten. Leider misslang das sowohl in Italien als auch in Berlin (kein Wunder bei der falschen Grundvoraussetzung). Hahn und Meitner wollten nun herausfinden, ob vielleicht andere, dem Uran ähnliche Substanzen durch den Neutronenbeschuss entstanden sein könnten und probierten es daher auch mit anderen Trägerelementen. Wie sie ausgerechnet auf Barium kamen, ist weder nachvollziehbar noch überliefert. Diese Entscheidung aber sollte sich als Keimzelle einer der folgenschwersten physikalischen Entdeckungen des 20. Jahrhunderts erweisen.

So weit allerdings waren die Forscher im Berliner Stadtteil Dahlem noch nicht. 1938 annektierte Hitler Österreich und zwang somit die Jüdin Lise Meitner, dank ihrer österreichischen Staatsbürgerschaft von den Repressalien der Nazis bisher einigermaßen unbehelligt, nach Schweden zu fliehen. Im Berliner Institut versuchte zwar Fritz Straßmann die Lücke, die Meitner hinterließ, so gut wie möglich zu schließen; ihre kernphysikalische Erfahrung konnten die beiden Chemiker aber nur schwer ersetzen. Ein reger Briefwechsel gestattete Lise Meitner immerhin, wenigstens theoretisch an den Forschungen in Dahlem teilzuhaben; Hahn und Straßmann suchten häufig ihren Rat. Auch dann, als sie sich eines Tages keinen Reim auf ein Versuchsergebnis machen konnten. Sie

Bild 1: Otto Hahn, Lise Meitner und Fritz Straßmann

hatten sich, aus wie erwähnt nur schwer nachvollziehbaren Gründen, für Barium als Trägermedium entschieden, dies nach dem Neutronenbeschuss auch abgetrennt und dabei festgestellt, dass es radioaktiv strahlte. Es schien also beim Beschuss des Urans tatsächlich ein neues Element entstanden zu sein, das nun mit dem Barium isoliert war. Straßmann und Hahn vermuteten, dass es sich um das dem Barium ähnliche Radium handeln müsse, das – wie auch immer – beim Neutronenbeschuss der Urankerne entstanden sein könnte. Zum Beweis musste man es „nur noch" vom Barium abtrennen.

Und genau dies wollte und wollte nicht gelingen. An der Methodik konnte es nicht liegen, da die Chemiker versuchsweise Radium von verschiedenen anderen Elementen sauber trennen konnten. Hahn und Straßmann arbeiten fieberhaft weiter. „Es ist jetzt gleich 11 Uhr abends", schreibt Hahn am 19. 12. 1938 an Lise Meitner, „um 11:30 will Straßmann wiederkommen, so dass ich nach Hause kann allmählich. Es ist nämlich etwas bei den Radiumisotopen, was so merkwürdig ist, dass wir es vorerst nur Dir sagen. Sie lassen sich von allen Elementen außer Barium trennen. Immer mehr kommen wir zu dem schrecklichen Schluss: Unsere Radiumisotope verhalten sich nicht wie Ra, sondern wie Ba … Vielleicht kannst Du irgendeine fantastische Erklärung vorschlagen. Wir wissen dabei selbst, dass es eigentlich nicht in Ba zerplatzen kann – … Aber wir müssen doch klar werden."

Lise Meitner wagte es, als erste den von Hahn unterschwellig ja schon angesprochenen, aber eigentlichen unmöglichen Gedanken auszusprechen: Ließ sich vielleicht deswegen gar kein Radium abtrennen, weil gar keines da war? War der Urankern zu Barium und einem noch zu definierenden weiteren Element zerplatzt? Nach einer näheren Prüfung dieser Hypothese kam auch Hahn nicht umhin, sich und Lise Meitner einzugestehen, „dass wir als Chemiker den Schluss ziehen müssen, dass die … Isotope kein Ra sind, sondern vom Standpunkt des Chemikers Ba. Wir können unsere Ergebnisse nicht totschweigen, auch wenn sie physikalisch vielleicht absurd sind." Meitners kühne These war, dass der Urankern durch das zusätzliche Neutron zu einer – wie sie es nannte – „Spaltung" angeregt wurde. Eines der Spaltprodukte könnte Barium (56 Protonen) sein, das andere Krypton (36 Protonen), wobei Energie frei wurde. Rein rechnerisch ging die Hypothese auf.

Die Forscher allerdings trauten sich nicht sofort an die Öffentlichkeit – zu fantastisch schien ihnen die Hypothese. Nach allem, was man über Kernphysik wusste, war die „Spaltung" eines Kerns mit derart niedriger Energie ein Ding der Unmöglichkeit. Um sich nicht zu blamieren, machte sich Lise Meitners Neffe, Otto Robert Frisch, umgehend auf nach Kopenhagen, um „Atompapst" Niels Bohr die Kernspaltungshypothese vorzustellen. Bohr war sofort die Tragweite der Dahlemer Experimente klar. Da er ohnehin gerade auf dem Sprung zu einem Physikerkongress in Washington war, packte er die Dahlemer Ergebnisse ins Gepäck, um sie seinen Kollegen zu präsentieren. Wie ein Lauffeuer breitete sich die sensationelle Nachricht daher in aller Welt aus, und schnell wurden die Versuche Hahns in den verschiedensten Labors bestätigt.

So mancher Kernphysiker dürfte dabei einen Anflug von Ärger nur schwer unterdrückt haben können. Denn es lag auf der Hand, dass jeder, der Uran- kerne mit Neutronen beschossen hatte, Kerne gespalten hatte. Derartige Ver- suche haben – im Gefolge Fermis – Dutzende von Labors in aller Welt über viele Jahre hinweg durchgeführt. Keiner aber hatte dabei das Dogma infrage gestellt, dass bei den Elementumwandlungen nur die im Periodensystem nächsten Elemente entstehen würden; und vor allem war keiner auf die Idee gekommen, Barium als Trägerelement einzusetzen und dann auch noch den „undenkbaren Gedanken" zu denken. 1946 wurde Otto Hahn dafür rück- wirkend der Chemie-Nobelpreis des Jahres 1944 verliehen. Lise Meitner und Fritz Straßmann gingen leer aus – eine der meistdiskutiertesten Entscheidungen des Nobelkomitees.

Als Hahn den Preis entgegennahm, war eine Folge seiner Entdeckung bereits grausame Realität geworden. Die Forschungsergebnisse Otto Hahns, Lise Meit- ners und Fritz Strassmanns hatten sowohl im Hitler-Deutschland als auch in

Bild 2: Otto Hahn und Lise Meitner am Eingang des nach ihnen benannten Instituts in Berlin-Wannsee bei der Einweihung 1959

den USA zu intensiven Bemühungen geführt, die immense Energie, die bei der Kernspaltung entsteht, zum Bau einer Bombe zu nutzen. Die Amerikaner waren erfolgreich; ihre Bomben auf Hiroshima und Nagasaki im August 1945 läuteten das nukleare Zeitalter und Jahrzehnte des atomaren Wettrüstens ein. Die japanischen Städte stehen seither als warnendes Beispiel, dass Anwendungen reiner Forschung häufig auch unmenschliche Folgen haben können. Die friedliche Nutzung der Kernenergie, als andere Folge der Berliner Forschungen, verblasste dagegen. Otto Hahn jedenfalls machte sich zeitlebens Vorwürfe, die vernichtende Waffe ermöglicht zu haben – und wurde zu einem engagierten Gegner der militärischen Nutzung der von ihm und seinen Kollegen entdeckten Kernspaltung.

Auch das Beispiel Otto Hahns zeigt, dass es sich um alles andere als „blinden Zufall" handelt, wenn an entscheidender Stelle nicht planbare Momente der Forschung den Weg wiesen. Otto Hahn hatte mit der „Vorbereitung seines Geistes" im Pasteur'schen Sinn schon als Schüler begonnen. Die drei Einsen in seinem Abiturzeugnis zierten zwar die Fächer Turnen, Singen und Religion und nicht Physik, Chemie und Mathematik, seine Mutter allerdings trieb er zur Verzweiflung, indem er ihre Waschküche in eine Art permanentes Chemielabor umfunktionierte. Nach dem Studium verließ Hahn die Heimat, um im Institut des britischen Chemie-Nobelpreisträgers Sir William Ramsey zu arbeiten, von wo er zu Ernest Rutherford nach Montreal wechselte. Fast 30 Jahre lang arbeitete er daraufhin in Berlin mit Lise Meitner zusammen, allein fünf Jahre widmeten sich die beiden dem Beschuss von Urankernen mit Neutronen, ehe eines Tags neben sorgfältiger Planung auch der Zufall seine Finger im Spiel hatte. Bei der Ausarbeitung der Theorie und anschließenden Überprüfung war wiederum jede Menge „Transpiration" nötig. Bei all seinen Forschungen aber blieb Otto Hahn durch und durch Grundlagenforscher; er hatte weder Atommeiler noch Atombombe im Sinn, als er den Wirkungen von Neutronen auf den Atomkern nachspürte.

11

Auf der Suche nach Gold

Die Erfindung des Porzellans rettet Johann Friedrich Böttger vor dem Galgen

Dass sich chemische Elemente durch Neutronenbeschuss bzw. radioaktiven Zerfall ineinander umwandeln lassen, ist für heutige Kernphysiker und Chemiker selbstverständlich. Jahrhundertelang war eben dies der Wunschtraum vieler Naturforscher, die mit ihrer Arbeit die Grundsteine der heutigen Chemie legten. Die Alchemisten wollten allerdings nicht das Periodensystem der Elemente ergründen, sondern vor allem eines: das edelste aller Metalle, Gold, herstellen. Nach allen gängigen Quellen gelang das nirgends; ein Abfallprodukt ihrer Forschung allerdings steht auf unseren Kaffeetischen und – in edlerer Form – in den Vitrinen der Kunsthäuser und Museen: Porzellan, ursprünglich in China erfunden, wurde durch einen Alchemisten auch für die westliche Welt entdeckt. Dabei war es auch bei diesem frühen Beispiel für Zufall in der Forschung keineswegs so wie vielfach überliefert, dass der Apothekerlehrling Johann Friedrich Böttger (1682–1719) bei einem neuen Versuchsansatz der Goldherstellung plötzlich das weiße Gold in seinen Tiegeln fand. Auch bei ihm bildeten jede Menge Fleiß und zielgerichtete Arbeit den Boden, auf dem der Zufall eine Chance bekam.

Bis heute lautet der gebräuchliche englische Name für Porzellan schlicht „*china*". Er gibt einen Hinweis auf die Herkunft des filigranen weißen Materials, dessen Herstellung in Europa bis in die frühe Neuzeit niemand beherrschte. Seine ursprüngliche Entdeckungsgeschichte verliert sich im Dunkeln, die ersten Spuren allerdings führen ins neunte vorchristliche Jahrhundert. Im Jahre 851 v.Chr. berichtete der arabische Kaufmann Sulaiman begeistert von einem Wunderstoff, der ihm auf einer seiner ausgedehnten Reisen ins Land der aufgehenden Sonne begegnet war, und bei dem es sich vermutlich um den Porzellanvorgänger Steingut gehandelt haben dürfte: „Die Chinesen besitzen feinen Ton, aus dem man Schalen herstellt", heißt es in seinen Aufzeichnungen, „diese haben, obwohl sie aus Ton sind, die Feinheit von Gläsern, in denen man die Spiegelungen des Wassers sieht." Und da die halb durchsichtigen Schüsseln einer rosafarben-weißlichen Meeresmuschel mit dem italienischen Namen *porcellana* ähnelten, hatte das seltsame Material seinen Namen.

Nachgewiesenermaßen erfunden wurde das Porzellan, wie wir es heute kennen, erst während der Tang-Dynastie im siebten nachchristlichen Jahrhundert. Die Porzellanmasse besteht aus einer Mischung von Kaolin (eine weiße Tonerde ohne den sonst bei Ton üblichen Eisenanteil), Quarz und Feldspat. Seine Blütezeit erlebte das Porzellan allerdings erst in der Yüan-Dynastie (1280–1368), als sich auch die Kunst der Porzellanmalerei entwickelte. Der venezianische Kaufmann und Weltreisende Marco Polo berichtete Ende des 13. Jahrhunderts über den hohen Stand der chinesischen Porzellankunst, und um 1500 wurde Porzellan zum „Exportschlager" Chinas. Vor allem die am Jangtsefluss im Südosten Chinas gelegene Stadt Jingdezhen, in der auch heute noch Porzellan hergestellt wird, wurde zum Weltzentrum der Porzellanherstellung. Etwa eine Million Menschen lebten hier bereits im 18. Jahrhundert, darunter 18.000 Töpferfamilien – selbst nach heutigen Standards eine große Industriestadt. Dreitausend Porzellanbrennereien produzierten rund um die Uhr. Lange Karawanenzüge brachten die zu Ziegeln geformte Porzellanerde, das Kaolin, aus dem nahe gelegenen Gebirgszug Gaolin zu den Manufakturen.

Dabei hüteten die Chinesen die Rezeptur für die Herstellung als Staatsgeheimnis – ihr Verrat wurde mit hohen Strafen bedroht. Und da die Porzellanmanufakturen „*off records*" für alle Ausländer waren, war auch Industriespionage schwierig. Jahrhundertelang mühten sich europäische Keramiker, Glasmacher und Alchemisten daher, Porzellan nachzumachen – vergeblich. 1575 war es den Töpfern des Herzogs von Florenz zwar gelungen, aus einer Mischung von Glas und Kaolin so genanntes Weichporzellan herzustellen; qualitativ und ästhetisch aber war das nicht mit dem Vorbild aus China vergleichbar. Wer das Original wollte, dem blieb nur der sündhaft teure Import aus Fernost. In den europäischen Fürstenhäusern des 17. und frühen 18. Jahrhunderts war chinesisches Porzellan ein Prestigeobjekt, dessen horrende Liebhaberpreise geradezu zum Ausweis von Wohlstand und Macht wurden. Auch August der Starke, Kurfürst von Sachsen und König von Polen, hatte schon ein wahres Vermögen in Porzellan gesteckt. Seine Sammelleidenschaft trieb dabei bizarre Blüten. So hatte er Anfang des 18. Jahrhunderts ein Auge auf die Ostasienkollektion seines Nachbarn geworfen, des Preußenkönigs Friedrichs des Ersten. Da August pekuniär mal wieder in argen Nöten war, tauschte er 600 sächsische Soldaten gegen 151 Stück ostasiatischen Porzellans aus den Kabinetten der preußischen Schlösser. Darunter befanden sich 18 große Vasen, die seitdem als „Dragonervasen" die Porzellansammlung in Dresden zieren.

Mit seiner Verschwendungssucht hatte der auch für seine erotischen Abenteuer berüchtigte Herrscher (365 uneheliche Kinder von Hofdamen und Zimmermädchen werden ihm nachgesagt) sein Land bis nahe an den Staatsbankrott geführt. Daher kam ihm im Jahre 1701 die Kunde, ein Berliner Apothekerlehrling könne Gold herstellen, gerade recht – als möglicher *Business Plan* zur Sanierung der Staatsfinanzen. In seiner Lehrwerkstatt, so wurde berichtet, habe der 19-jährige Lehrjunge Johann Friedrich Böttger einen Silbergroschen in Gold verwandelt. Wie ein Lauffeuer verbreitete sich die Nachricht von seiner sensationellen Kunst. Augusts Kollege in Preußen, Friedrich der Erste, hatte ebenfalls schon ein Auge auf den vermeintlichen „Zauberlehrling" geworfen und Soldaten ausgeschickt, um den Goldmacher dingfest zumachen. In letzter Sekunde gelang Böttger die Flucht aus Berlin nach Wittenberg in Sachsen. Dort allerdings kam er vom Regen in Traufe: In der Lutherstadt warteten längst die Häscher August des Starken auf ihn – mit dem Auftrag, ihn gefangen zu nehmen und nach Dresden zu bringen.

Die Idee, unedle Metalle in Gold zu verwandeln, scheint in unserer heutigen Zeit lächerlich; im Mittelalter aber war sie die tragende Grundlage der Alchemie, einer Geheimwissenschaft mit Wurzeln, die einerseits ins alte Ägypten führen, andererseits aber auch auf altgriechischem Gedankengut fußen. Elemente von Astrologie und Mystik gehen in der Alchemie eine aus heutiger Sicht eigentümliche Melange mit naturwissenschaftlichen Ansätzen ein. So ist die Suche nach Gold stets verquickt mit der Suche nach der Unsterblichkeit der Seele, was aus Tradition und Geschichte der Alchemie verständlich wird. Eine Schlüsselrolle spielt dabei der ägyptische Alchemist Zosimos von Panopolis, der im dritten Jahrhundert in Alexandria lebte. Er schrieb als erster über einen geheimnisumwobenen Talisman der Alchemisten, der als „Stein der Weisen" bekannt wurde. Er sei wertvoll, doch habe er keinen Preis, er sei vielgestaltig, aber ohne eindeutige Form, etwas Unbekanntes, das doch jeder kenne. Geringste Dosen davon sollten ausreichen, um größere Mengen von Quecksilber oder Blei in Gold zu verwandeln. Die Erschaffung von Gold ist jedoch nicht seine einzige magische Eigenschaft. Wer ihn besitzt, erlangt die göttliche Macht, ewiges Leben zu spenden. Wer den „Stein der Weisen" berührt, erlangt Vollkommenheit und wird befreit von allen Gebrechen.

Kein Wunder bei derartigen Versprechungen, dass die Alchemisten des 17. Jahrhunderts versuchten, mit unterschiedlichsten Mineralien und Metallen nach alten mystischen Rezepten diesen Stein der Weisen herzustellen. Dabei waren die Alchemisten der Überzeugung, dass alle Dinge, Metalle, Pflanzen und Tiere lebendig sind. Metalle entstanden in der Tiefe der Erde aus den vier Elementen Erde, Wasser, Feuer und Luft (hier wird der altgriechische Einfluss deutlich). Aus dem Gestein wächst zunächst wertloses Blei, Zinn und Kupfer. Im Laufe der Zeit aber reift es dann zu kostbarem Gold heran. Im Labor wollten die Alchemisten dieses Wachstum nachahmen. Um dem Prozess auf die Sprünge zu helfen, brauchte man nur eine Art „Wachstumsbeschleuniger" – den „Stein der Weisen". Bei aller Mystik bedienten sich die Alchemisten aber auch der exakten Naturbeobachtung und des Experimentierens, die später zum Kennzeichen moderner Naturwissenschaft werden sollten. So fanden sie heraus, dass etwa beim Austreiben des Schwefels aus Bleiglanz Blei entstand (kein Wunder, würde man heute sagen: ist Bleiglanz, auch Galenit genannt, doch nichts anderes als eine Schwefel-Blei-Verbindung). Zudem ließen sich aus Bleierzen kleine Mengen Gold und Silber gewinnen. Die Vermutung war also gar nicht abwegig, dass man die Metalle ineinander umwandeln könnte.

Natürlich gab es auch viele Betrüger unter den Alchemisten, die mit Taschenspielertricks ein staunendes Publikum für sich gewannen. Mit einem überlieferten Versuch etwa demonstrierten sie die vermeintliche Umwandlung von Metallen. Einfache Kupferspäne werden in Salpetersäure aufgelöst. Wie von Geisterhand beginnt die Verbindung zu brodeln. Nach einiger Zeit schlägt die Farbe der Lösung in tiefes Blau um. Taucht man dann einen Schlüssel aus Zink in die Lösung, kommt er als Kupferschlüssel wieder zum Vorschein. Den Menschen erschien es damals, als habe sich minderwertiges Zink in edleres Kupfer verwandelt und ahnten nicht, dass er schlicht „verkupfert" war. Unter den Goldsuchern befand sich aber stets ein Kern echter Naturforscher, die bei ihren Experimenten wichtige chemische Methoden entwickelten – etwa Destillieren, Legieren, Filtrieren, Niederschlagen, Schmelzen oder Lösen. Sie fanden und charakterisierten zum Beispiel Phosphor, Ammoniak, Alkalien, Ether, Weingeist, zahlreiche Metallverbindungen oder Salz-, Salpeter- und Schwefelsäure. Die Alchemie wurde damit zum Vorläufer und Wegbereiter der modernen Chemie. Den Stein der Weisen allerdings fand niemand, und auch die Herstellung von Gold wollte nicht gelingen.

Auch dem Berliner Apothekerlehrling Böttger nicht, der sich neben seiner Lehre tief in die Alchemie einarbeitete, dafür das Labor seines Lehrherren nutzte – und dafür mehr als eine Rüge bekam. Die Umwandlung des Silberstücks in Berlin allerdings war vermutlich nichts anderes als ein überzeugend ausgeführtes Zauberkunststück. Daher wurde ihm auch recht mulmig zu Mute, dass er in seiner sächsischen Haft nun entweder Gold produzieren oder am Galgen enden sollte – nicht ganz unähnlich der Situation einer gewissen Müllerstochter, die ganze Scheunen voll Stroh zu Gold spinnen sollte. Böttger musste den Stein der Weisen finden, den alchemistischen Schlüssel zum Gold, ehe sein Betrug aufflog. Im Labor sollte es ihm dafür an nichts fehlen: Die Vasallen des Kurfürsten beschafften Retorten und Mörser, Metalle, Säuren und Salze. Böttger ließ sich geheimnisvolle alchemistische Aufzeichnungen besorgen, um darin vielleicht den Weg zum Gold zu finden. Das für Laien gänzlich unverständliche Schriftgut sollte ganz nebenbei auch August von der Ernsthaftigkeit seines Vorhabens beeindrucken; in tiefer alchemistischer Tradition war Böttger aber stets fest davon überzeugt, dass es grundsätzlich möglich war, Gold herzustellen.

In seiner Haft bekam Böttger Kontakt zu dem Naturforscher Ehrenfried Walther von Tschirnhaus, der ihn vom bloßen Probieren und allzu abgehobenen Fantasieren zum gezielten Experimentieren brachte – eine der Grundlagen moderner Naturwissenschaft. Dennoch wollte es mit der Goldherstellung nicht so recht vorwärts gehen, und der „Chef" wurde langsam ungeduldig. Nach drei

Bild 1:   Johann Friedrich Böttger (1682–1719)

Jahren hatte der Gefangene immer noch nichts geliefert. August der Starke drohte dem Alchemisten mit dem Tod durch den Strang und ließ sogar schon einen Galgen errichten. Böttger musste Zeit gewinnen. Im Dresdner Zwinger wird noch heute ein 170 Gramm schweres Stück Gold aufbewahrt, dass er August als ersten Hinweis seiner Künste präsentiert haben soll. Moderne spektroskopische Untersuchungen haben zwar ergeben, dass der Goldklumpen aus einer späteren Zeit stammt, mehrere Augenzeugen allerdings beschwören, dass Böttger eines Tages tatsächlich einen Goldklumpen zum Beweis seiner Fähigkeiten aus seinen Tiegeln zauberte. Auch hier dürften ihm seine Zauberkünste geholfen haben, seinen Kopf nochmal aus der Schlinge zu ziehen.

Letztendlich allerdings halfen keine Täuschungsmanöver: Böttger konnte kein Gold herstellen, und bald wurde dies auch August dem Starken zur Gewissheit. Wer genau die zündende Idee hatte, die Böttger letztlich vor dem Galgen rettete, ist nicht überliefert. Vermutlich war es Ehrenfried Walther von Tschirnhaus, der große Stücke auf die experimentellen Fähigkeiten Böttgers hielt, und der bei August dem Starken mit der Bitte um Gnade für den Gefangenen vorstellig wurde. Tschirnhaus – Mathematiker und Physiker, eine Art Hofwissenschaftler für alle Fälle – pflegte Kontakte zu den großen Denkern seiner Zeit wie Leibniz, Huygens und Spinoza und war eher der rationalen aufgeklärten Seite der Epoche zuzurechnen. Neben dem Projekt „Goldherstellung" war er auch in einem anderen höfischen „Forschungsvorhaben" involviert: der Herstellung von Porzellan. Die findigen, unverbrauchten Ideen Böttgers und dessen experimentelle Erfahrung wollte er nicht durch dessen Tod am Strang verlieren. Statt Gold sollte Böttger nun helfen, endlich ein Herstellungsverfahren für das „weiße Gold" zu finden. Dass August tatsächlich einwilligte und seinem Gefangenen 1704 diese neue Chance gab, zeigt die fast schon pathologische Passion, die er für die chinesischen Pretiosen empfand.

Für Böttger war dies zwar zumindest vorerst die Rettung; die Chance, Porzellan herzustellen, dürfte er aber kaum besser eingeschätzt haben als die, den Stein der Weisen zu finden. Immerhin hatte Tschirnhaus einige Vorarbeiten geleistet. Er hatte erkannt, dass hohe Temperaturen der Schlüssel zum Erfolg waren. Mit einem selbst entworfenen Brennspiegel hatte er versucht, Glas und Ton bei 1400 Grad Celsius zu verschmelzen. Dabei baute er grundsätzlich auf die gleiche Grundrezeptur, mit der in Florenz die Herstellung des Weichporzellans gelungen war; und da Porzellan wie Glas schimmerte, war der Gedanke ja auch nahe liegend, Glas als Ingredienz zu nutzen. Es war der durch die Tradition nicht „verdorbene" Böttger, der die äußere Ähnlichkeit von Glas und Porzellan einfach ignorierte. In seiner alchemistischen Gedankenwelt spielte sie auch keine Rolle. Ebenso wie für ihn die Vorstellung, aus Blei Gold zu machen, stimmig war, hatte er kein Problem mit der Vorstellung, dass sich Ton und Gestein bei hohen Temperaturen in Porzellan verwandeln könnten – ein Material mit einer ganz anderen Qualität als die der Ausgangsstoffe. Es war also die alchemistische Tradition und Erfahrung, die den Weg zum europäischen Porzellan wies. Die Suche nach Gold hatte Böttgers Geist so weit vorbereitet, dass er den jahrhundertelang in der Sackgasse steckenden Versuchen, Porzellan herzustellen, eine neue Richtung gab.

Wie genau Böttger des Weiteren vorging, ist schwer zu rekonstruieren. Im sächsischen Hauptstaatsarchiv lagern seine Aufzeichnungen, doch die Rezepturen und Protokolle sind in mysteriösen Symbolen und Zeichen verschlüsselt. Forscher versuchen noch heute, die Geheimschrift der Alchemisten zu entschlüsseln, die selbst zu Böttgers Zeit nur wenige Eingeweihte beherrschten – eben dies machte die Alchemie ja zu einer hermetischen Wissenschaft für wenige Erwählte. Über zwei Jahre lang jedenfalls untersuchte Böttger systematisch die unterschiedlichsten Mischungen von Erzen, Mineralien und Tonerden. Als bemerkenswerter Zwischenschritt zum Porzellan gelang ihm eine rote Hartkeramik, die bereits sehr viel Ähnlichkeit mit Porzellan hatte – allerdings noch ihren typisch weißen, edlen Schimmer vermissen ließ. Stark verkürzt, war es neben den hohen Temperaturen ein hoher Anteil Feldspat, der als Flussmittel bei der Sinterung wirkte und für die porzellanähnlichen Eigenschaften verantwortlich war.

Dass nun ausgerechnet im Jahre 1708, als Böttger bereits so nah an der Porzellanherstellung war, ein Bauer in der Nähe von Dresden beim Umpflügen seines Ackers auf eine seltsam bröslige, schneeweiße Tonerde stieß, hätte auch göttliche Fügung nicht besser „timen" können. Das Silicat, das noch heute 12 km von Meißen in Deutschlands kleinstem Bergwerk abgebaut wird, hatte frappierende Ähnlichkeit mit dem chinesischen Kaolin. Es war genau die fehlende Zutat, die aus dem rötlichen „Böttger-Steingut", wie es inzwischen genannt wurde, Porzellan machte.

Es war an einem Novembertag im Jahre 1709, als Böttger seinen König ins Labor bat. Die Hitze in der Alchemistenküche war unerträglich, und als Böttger den Ofen öffnete, soll August gestöhnt haben: „Oh Jesus, hier soll Porzellan drinne stehen?!" Die Stunde der Wahrheit war gekommen, als Böttger das Probestück zum Abkühlen ins Wasser tauchte. Als der Dampf sich legte, staunten August und seine Gefolgschaft nicht schlecht: Böttger entnahm der Form ein unversehrtes Stück Porzellan – eine einfache Schale, strahlend weiß wie beste Ware aus China. Das europäische Porzellan war erfunden. Der Alchemist Johann Friedrich Böttger hatte im Labor doch noch Gold geschaffen – weißes Gold.

Nach einem weiteren Jahr mit „verfahrenstechnischen" Verbesserungen gründete August der Starke per Dekret eine Porzellanmanufaktur – und zwar sicherheitshalber auf der Albrechtsburg in Meißen, um Böttger (Tschirnhaus war gerade verstorben) und seine Arbeiter unter gefängnisähnlicher Kontrolle halten zu können. Augusts Traum wurde wahr: Endlich flossen Millionen von Goldtalern in seine Kassen. Schon zwei Jahre nach der Entdeckung Böttgers stellte die Meißener Porzellanmanufaktur Porzellangegenstände in Serie her. Das Meißener Porzellanrezept enthält rund 50 % Kaolin, 18–30 % Kalifeldspat und 12–35 % Quarz. Die Bestandteile wurden in Steinmühlen extrem fein gemahlen, vermischt und bei Temperaturen von etwa 1200 Grad Celsius gebrannt. Damit ist es eine echte Neuerfindung und keine bloße Nachahmung des chinesischen Vorbilds: „Das ostasiatische Porzellan ist ein Weichporzellan mit etwa 40 % Kaolinanteil und das europäische Porzellan ist ein Hartporzellan mit etwa 60–65 % Anteil an Kaolin", erklärt Hans Sonntag, Museumsleiter in der Porzellanmanufaktur Meißen, „und es muss höher und länger gebrannt werden als das ostasiatische." Mit 26 Arbeitern begann man in Meißen, 1750 arbeiteten bereits 400 in der Porzellanmanufaktur, die schnell Weltruhm erlangte. Allerdings ließ sich die Rezeptur nicht lange geheim halten. Durch Spionage, Verrat und Abwerbung von Meißener Fachkräften gelangte das

Bild 2:   Porzellan: früher Statussymblol, heute Gebrauchsgegenstand

Bild 3:   Brennofen einer modernen Porzellanmanufaktur

Know-how schon 1717 nach Wien, bald auch nach Berlin, Frankreich und England. Nach den Gesetzen des Marktes begann damit auch der unaufhaltsame Abstieg des Porzellans vom Luxus- zum Gebrauchsgegenstand, der mehr und mehr die bis dahin verwendete grobe Keramik ersetzte.

Böttgers Leidensweg war mit seinem Erfolg noch nicht zu Ende. Ruhm und Reichtum wurden ihm nicht zuteil. Auf der Albrechtsburg lebte er weiter als bezahlter Gefangener. Wo einst die ersten Brennöfen standen, sind heute Scherben aus Böttgers Schaffenszeit zu finden. Sie sind Ausdruck der Zerrissenheit des Alchemisten und Naturforschers. „Gott, der Schöpfer, hat gemacht aus einem Goldmacher einen Töpfer", hat er in eine Wand geritzt. Vermutlich nicht ohne Bitterkeit, da er zeitlebens an die Möglichkeit, Gold zu erzeugen, geglaubt hat. Am 19. April 1714, nach insgesamt zwölfjähriger Gefangenschaft, schenkte August der Starke Böttger die Freiheit zurück. Fünf Jahre später starb der Alchemist mit 37 Jahren – immerhin aber eines natürlichen Todes und nicht am Galgen.

12

Die Entzauberung der Lebenskraft

Wöhler synthetisiert Harnstoff

*Konservativ, von stoischer Gelassenheit, schnell zufrieden zu
stellen – die Biografen skizzieren Friedrich Wöhler
(1800–1882) nicht gerade als geborenen Revolutionär.
Trotzdem war es der Göttinger Chemiker, der zu Beginn des
19. Jahrhunderts das chemische Weltbild ins Wanken brachte.
Wöhler durchbrach die strikte Grenze von belebter und
unbelebter Natur, die damals als unüberwindlich galt, indem
er aus unbelebten Stoffen eine Substanz der belebten Welt
herstellte – Harnstoff. Ein missglückter Versuch zur Herstellung eines Ammoniumsalzes wies ihm den Weg.*

Die Chemie hatte sich zu Beginn des 19. Jahrhunderts gerade von der
Alchemie zu einer allen Standards genügenden „richtigen" Wissenschaft ge-
mausert. Nicht unerheblichen Anteil daran hatte der schwedische Naturforscher Jöns Jakob Berzelius. Sein 1803 veröffentlichtes Chemielehrbuch
erschien bereits zu seinen Lebzeiten in fünf Auflagen, und später entwickelte
er den noch heute gültigen Buchstabencode für die chemischen Elemente
und Verbindungen (CO_2, H_2O ...). Berzelius, von der Ausbildung her selbst
eigentlich Mediziner, war *die* chemische Autorität seiner Zeit; was Berzelius
verkündete, hatte Gewicht.

Bild 1: Jöns Jakob Berzelius (1779–1848)

So galt auch seine Auffassung als unumstößlich, dass es eine strikte Trenn-
linie zwischen der unbelebten und der belebten Natur gibt, an der sich auch
die Chemie zu orientieren habe. Die anorganische Chemie hat Gültigkeit in
der Welt der Gesteine und Minerale, die organische Chemie beschäftigt sich
mit den Stoffen, aus denen lebendige Wesen bestehen – Pflanzen, Tiere, Menschen. Tatsächlich schien auch vieles dafür zu sprechen, dass es sich um zwei
völlig verschiedene Welten handelte. Alle organischen Substanzen ließen sich
verbrennen, was bei den Mineralien und Gesteinen nicht gelang, und, so
weit man wusste, waren sie auch grundverschieden aufgebaut.

Aber was war denn nun der entscheidende Unterschied zwischen belebter
und unbelebter Natur? Zur Erklärung des Lebendigen musste eine geheimnisvolle „Lebenskraft" herhalten, die *„vis vitalis"*. Von ihr nahm man an, dass sie

selbst im unscheinbarsten Grashalm, im kleinsten Wurm und erst recht natürlich im Menschen wirkt. Aus heutiger Sicht mag man schmunzeln – schließlich
würde sich ja heute niemand, der Aufklärung über das Funktionsprinzip eines
Autos verlangt, mit der Erklärung zufrieden geben, in ihm walte eine *„vis auto-
mobilis"*. Zu Beginn des 19. Jahrhunderts aber hatte der Vitalismus in Philosophie und Naturwissenschaft einen anerkannten Platz – bei aller wissenschaftlichen Aufgeklärtheit, die damals unter den Gelehrten zum guten Ton gehörte.
Sicher: Es war bereits gelungen, einige organische Substanzen zu isolieren,
und über den chemischen Aufbau lebender Organismen war auch schon so
manches bekannt. Während die Chemiker aber allerlei Experimente mit den
organischen Substanzen durchführten, kam niemand auf die Idee, dass sich
Stoffe aus der anorganischen Welt in organische Komponenten umwandeln lassen könnten.

Auch Friedrich Wöhler hatte nichts weniger im Sinn als an dieser Grundauf-
fassung zu rütteln. Allerdings galt er seit jeher als der Inbegriff des neugierigen
Forschers. Schon während der Schulzeit im hessischen Eschersheim, so wird
berichtet, nahm ihn die junge Wissenschaft der Chemie gefangen. Sein Zimmer

Bild 2: Friedrich Wöhler (1800–1882)

glich einem Laboratorium, und auf dem Küchenherd köchelte ständig irgendeiner seiner Versuche. Da anorganische Chemie seinerzeit in Deutschland nur als Hilfswissenschaft für Mediziner und Bergbauingenieure gelehrt wurde, schrieb er sich an der Universität Marburg für Medizin ein – ein Studium, das er nach einem Jahr in Heidelberg fortsetzte und dort auch beendete. Wöhler verlor während seiner medizinischen Studien allerdings nie seine Passion für die Chemie. Nach seinem Examen packte er seine Sachen, um sich einen Traum zu erfüllen: ein Jahr bei Berzelius zu verbringen, dem Chemiepapst der damaligen Zeit. Das eine Jahr sollte die Grundlage für eine lebenslange Freundschaft der verwandten Geister werden, die sich im Laufe von 25 Jahren in einem 1400 Seiten starken Briefwechsel niederschlug.

Zurück in Deutschland trat Wöhler eine Stelle als Chemielehrer an der neu gegründeten Berliner Höheren Technischen Handelsschule an – ein in akademischen Kreisen zwar nicht gerade hochangesehenes Institut, aber immerhin hatte Wöhler dort sein eigenes Chemielabor, in dem er in relativer Ruhe seinen Experimenten nachgehen konnte. Besonders angetan hatte es ihm seinerzeit der Harnstoff, dessen Kristalle – gewonnen aus tierischen und menschlichen „Quellen" – er eingehend untersuchte. Seinen Lehrer Berzelius veranlasste diese Passion zu der spöttischen Bemerkung: „Wer mit Urin beginnt, wird darin enden."

Wohler fühlte sich Wöhler allerdings schon damals auf dem Gebiet der anorganischen Chemie. So war er im Jahre 1827 der Erste, dem die Darstellung reinen Aluminiums gelang, und ein Jahr später war er an der Entdeckung des Elements Beryllium beteiligt. Eines Tages im Jahre 1828 wollte er einige Versuche mit Ammoniumcyanat durchführen, dem Salz der sechs Jahre zuvor von ihm entdeckten Cyansäure. Wie er in Stockholm gelernt hatte, wollte er die Substanz aus Kaliumcyanat und Ammoniumsulfat herstellen – beides als „anorganisch" eingestufte Salze. In einem seiner Experimente erhitzte er eine Mischung, und hoffte, dadurch einen effektiveren Weg zur Erzeugung von Ammoniumcyanat zu entdecken. Die Kristalle, die sich nach dem Verdunsten bildeten, erinnerten ihn allerdings frappierend an die, die er aus seinem eigenen Harn isoliert hatte. Wöhler wusste sofort, dass er Harnstoff erzeugt hatte – sein durch seine früheren Versuche „vorbereiteter Geist" ließ ihn nicht im Stich.

Harnstoff aber gehörte für die damaligen Chemiker eindeutig zur organischen, belebten Welt, in der die *vis vitalis* waltete. Was auch Wöhler seinerzeit nicht wusste: Harnstoff und Ammoniumcyanat sind „Isomere". Sie sind aus den gleichen Atomen im gleichen Mengenverhältnis zusammengesetzt; räumlich allerdings sind die Atome jeweils unterschiedlich angeordnet. Beide Moleküle enthalten je ein Kohlenstoff- und ein Sauerstoffatom sowie zwei Stickstoff- und vier Wasserstoffatome. Dass es solche Isomere einer Substanz gibt, und dass sie zum Teil sehr unterschiedliche Eigenschaften haben können, wussten die

Chemiker seinerzeit schon – dennoch hatte auch Wöhler nicht damit gerechnet, dass es sich bei Harnstoff und Ammoniumcyanat um solche Isomere handelte. Wie sich zeigte, war es die Wärmeeinwirkung während des Eindampfens, die statt Ammoniumcyanat Harnstoff hatte entstehen lassen. Sofort ahnte er die Bedeutung seiner Entdeckung, die er umgehend seinem „väterlichen Freund" in Stockholm mitteilte: „Lieber Herr Professor! Obgleich ich sicher hoffe, dass mein Brief vom 12. Jan. und das Postscript vom 2ten Februar bey Ihnen angelangt sind, und ich täglich oder vielmehr stündlich in gespannter Hoffnung lebe, einen Brief von Ihnen zu erhalten, so will ich doch nicht abwarten, sondern schon wieder schreiben, denn ich kann, so zu sagen, mein chemisches Wasser nicht halten und muss Ihnen sagen, dass ich Harnstoff machen kann, ohne Nieren oder überhaupt ein Thier, sey es Mensch oder Hund, nöthig zu haben." Und Wöhler schließt diesen Brief vom 28. Februar 1828 mit der aus heutiger Sicht visionären Frage: „Diese künstliche Bildung von Harnstoff, kann man sie als ein Beispiel von Bildung einer organischen Substanz aus unorganischen Stoffen betrachten?" Auch Wöhlers Entdeckung erweist sich wieder als Paradebeispiel eines vorbereiteten Geistes in Pasteurs Sinn. Nur durch seine eigenen ausführlichen Versuche zum Harnstoff war er sich sofort seiner wichtigen Entdeckung bewusst. Und es ist sicher kein Zufall, dass es gerade einem Grenzgänger zwischen den damaligen chemischen Welten gelang, diese Grenze letztendlich zum Einsturz zu bringen.

Allerdings: Ganz so leicht war die Revolution nicht. Andere Chemiker, die sich von der lieb gewordenen *vis vitalis* nicht so leicht trennen mochten, wiesen darauf hin, dass die Vorläufersubstanzen – Kaliumcyanat und Ammoniumsulfat – ja meist aus organischen Substanzen wie Horn und Blut isoliert wurden, und dabei bliebe vielleicht ein Hauch der *vis vitalis* erhalten. Die Puristen unter den Vitalisten hielten noch bis 1845 fast fanatisch an ihrem Weltmodell fest – bis es Hermann Kolbe zweifelsfrei gelang, Essigsäure aus nichts als den Elementen Kohlenstoff, Wasserstoff und Sauerstoff zu synthetisieren. Die „organische" Chemie wurde endgültig umdefiniert zur „Chemie der Kohlenstoffverbindungen" – eine Definition, die auch heute noch gilt.

Trotz der puristischen Einwände hatten Wöhlers Versuche tiefen Einfluss auf das Selbstverständnis der Chemie. Das Überschreiten der Grenze von belebter und unbelebter Natur bahnte einem wahren Machbarkeitswahn den Weg. Dem großen Berzelius schwante in seinem Antwortschreiben auf Wöhlers obigen Brief Visionäres: „Sollte es nun gelingen, noch etwas weiter im Produktionsvermögen zu kommen ..., welch herrliche Kunst, im Laboratorium ... ein noch so kleines Kind zu machen. – Wer weiß? Es dürfte leicht genug gehen ..." Was Berzelius zum Urgroßvater Frankensteins zu stempeln scheint, brachte nur auf den Punkt, was viele Naturwissenschaftler empfanden und was auch deutliche Spuren in der Geistesgeschichte jener Zeit hinterließ. Der Gedanke an einen künstlich hergestellten Menschen faszinierte auch Künstler, Literaten und Philosophen. Johann Wolfgang Goethe etwa arbeitete zur Zeit von Wöhlers Harnstoffsynthese gerade an „der Tragödie zweyter Teil" seines Faust – und erhielt durch die Umwälzungen die Anregung für Fausts „Homunkulus". Etwas nüchterner fassen Wöhler und Liebig in der Einleitung ihrer gemeinsamen Arbeit über die Harnsäure das neue chemische Weltbild zusammen: „Die Philosophie der Chemie wird aus dieser Arbeit den Schluss ziehen, dass die Erzeugung aller organischen Materie, insoweit sie nicht dem Organismus angehört, in unseren Laboratorien nicht allein wahrscheinlich, sondern als gewiss betrachtet werden muss."

Noch im Jahr der Harnstoffsynthese, mit 28 Jahren, wurde Wöhler zum Professor ernannt. Im Jahre 1832 wechselte er von Berlin nach Kassel und übernahm 1836 den Lehrstuhl für Chemie und Pharmazie an der Universität Göttingen. Dort wurde er keineswegs zum „Papst" der organischen Chemie, sondern beschäftigte sich bis zu seinem Tod im Jahre 1882 vor allem mit der anorganischen Chemie, auf deren Gebiet er eine Fülle bahnbrechender Untersuchungen durchführte. So gelang ihm etwa neben der Darstellung reinen Aluminiums auch die des kristallinen Siliciums. Wenn man so will, war Wöhler damit einer der Vor-Vor-Denker moderner Werkstoffwissenschaften – und er legte die allerunterste Grundlage für die heutige Computerchipindustrie. Trotz seines fast 50-jährigen erfolgreichen Wirkens an der Universität Göttingen ist Wöhlers Name bis heute vor allem verbunden mit der Harnstoffsynthese. Die erstmalige Synthese einer organischen Substanz markierte den eigentlichen Beginn der organischen Chemie in unserem heutigen, wissenschaftlichen Sinn.

13

Brennende Schürzen und explodierende Billardkugeln

Kollodium, Celluloid und Reyon – die ersten Kunststoffe

Das Einreißen der Grenze zwischen belebter und unbelebter Natur, das die Harnstoffsynthese bedeutete, war ein Meilenstein der Chemie. Ein weiterer Einschnitt war sicher die Herstellung der ersten Kunststoffe. Alle Kunststoffe haben eine Gemeinsamkeit: Sie sind aus langen Ketten immer gleicher Bausteine aufgebaut – ein Prinzip, das auch in der Natur höchst erfolgreich ist. Cellulose etwa, wichtigstes Baumaterial der Pflanzenwelt, ist ebenfalls ein solches „Polymer". Mitte des 19. Jahrhunderts kannten die Chemiker dieses Bauprinzip zwar noch gar nicht, die Erfinder der ersten Kunststoffe jedoch griffen es intuitiv auf. Celluloid zum Beispiel, das eine Vorreiterrolle in der Geschichte des Kunststoffs spielte, enthielt sogar Cellulose. Mit der „Schießbaumwolle" hat Celluloid einen höchst militaristischen Ahnen, und in der ersten Kunstfaser Reyon einen glänzenden Nachkommen. Alle Stufen dieser Entwicklung waren geprägt von wissbegierigen Naturforschern, geschäftstüchtigen Unternehmern, engagierten Tüftlern – und einer ganzen Reihe von Zufällen.

Er konnte es einfach nicht lassen. Das Experimentieren lag dem Chemiker Christian Friedrich Schönbein (1799–1869) derart im Blut, dass er jede freie Minute damit verbrachte – daran konnten ihn auch seine Frau und seine insgesamt zehn Kinder nicht hindern. Geboren im schwäbischen Metzingen, hatte ihn sein studentischer und beruflicher Weg durch halb Europa geführt: Über Böblingen, Augsburg, Erlangen, Tübingen, Keilhau in Thüringen, Epsom in England und die Sorbonne in Paris gelangte er als Professor für Chemie und Physik an die Universität Basel. Heute wird Schönbein vor allem als Entdecker des Ozons gefeiert. Bei Elektrolyseversuchen in seinem Labor bemerkte er einen eigentümlich stechenden Geruch am Pluspol – und benannte den neuen Stoff nach dem griechischen *ozein* („riechen") als Ozon. Auch wenn er schon mutmaßte, dass es sich dabei um eine Modifikation des Sauerstoffs handelte, erkannte er nicht, dass Ozon eine Verbindung aus drei Sauerstoffatomen ist. Wie sollte er auch – steckte die wieder belebte altgriechische Theorie vom Aufbau der Materie aus Atomen doch noch in den Kinderschuhen, und Schönbein selbst hielt sie zeitlebens für ausgemachten Unsinn.

Wie dem auch sei – auch die wenigen stillen Stunden zu Hause, wenn die vielköpfige Familie schon schlief, nutzte er für seine Experimente. Die heimische Küche glich einem chemischen Labor, und eines Nachts experimentierte er wieder einmal mit Schwefel- und Salpetersäure. Lag es an seiner Übermüdung oder war es nur ein dummes Missgeschick – jedenfalls verschüttete er die ätzenden Flüssigkeiten auf den Küchenboden. Schnell griff er nach der baumwollenen Schürze seiner Frau und wischte die Flüssigkeit auf. Anschließend wusch er die Schürze sorgsam aus und hängte sie zum Trocknen über den Ofen – schließlich sollte seine Frau am nächsten Morgen nichts merken. Das ließ sich dann aber doch nicht vermeiden: Mit einem Zischen nämlich ging die Schürze plötzlich in Flammen auf und verbrannte bis auf ein Häuflein Asche. Der Schreck wich bald der wissenschaftlichen Neugier. Wochenlang experimentierte er, um dem Phänomen auf die Spur zu kommen. Watte beispielsweise, mit dem Säuregemisch getränkt, verpuffte nach dem Anzünden regelrecht.

Was Schönbein per Zufall entdeckt hatte, war dreimal so explosiv wie Schießpulver. „Schießbaumwolle" nannte er daher seine Entdeckung, und die Militärs, so glaubte er, würden ihm die Entwicklung danken. Das bisher zum Abfeuern der Kanonen benutzte Schwarzpulver nämlich entwickelte unerträgliche Rauchschwaden, die neue „Schießbaumwolle" dagegen verpuffte fast rauchfrei. Die explosive Wirkung beruhte – wie Chemiker späterer Generation analysierten – darauf, dass die Cellulose der Baumwolle durch die Säuren „nitriert" wurde. Cellulose ist ein Kohlenhydrat – wenn man so will, eine „Stretchausgabe" von Zucker – und besteht aus langen Ketten immer gleicher Bausteine, die sich aus den Elementen Kohlenstoff, Wasserstoff und Sauerstoff zusammensetzen. Die aggressiven Säuren fügten diesen Bausteinen „Nitrogruppen" hinzu – chemische Bausteine aus einem Stickstoff- und zwei Sauerstoffatomen. Und derartige Gruppen können die fatale Eigenschaft haben, sich ungeheuer schnell explosiv zu entzünden.

Schönbein verkaufte sein Patent für Schießbaumwolle an einen englischen Industriellen, der 1847 die Produktion des Schwarzpulverkonkurrenten aufnahm. Nach wenigen Monaten Betrieb explodierte die Fabrik, 20 Arbeiter kamen ums Leben. Auch in anderen Ländern häuften sich die Schlagzeilen von fatalen Unglücken in den neuen Schießbaumwollefabriken. Fieberhaft suchten die Chemiker nach einer weniger brisanten Methode, Baumwolle zu nitrieren; auch Meister Schönbein selbst ließ das keine Ruhe. Er entwickelte die Methode, Baumwollwatte in Alkohol und Ether einzulegen. Nach dem Verdunsten des Lösungsmittels blieb eine zähe Masse übrig, die er nach dem griechischen Wort für Leim benannte: Kollodium. Während dieser Experimente zog sich der Chemiker eine kleine Hautabschürfung zu. Woher ihm die Idee kam, die Wunde mit dem gerade hergestellten Kollodium zu bedecken, ist nicht überliefert – jedenfalls tat er es und hatte damit einen schützenden, durchsichtigen Wundverband erfunden. Da der zunächst in England begeisterte Käufer fand, kannte man ihn bald unter dem Namen „Englisches Pflaster", und ein Fläschchen Kollodium gehörte bald zur Grundausstattung der Hausapotheken – auch auf dem europäischen Kontinent und in den USA.

Auch beim nächsten Schritt in der Entwicklungsgeschichte der Schießbaumwolle spielte der Zufall eine Rolle – sowie der bedrohliche Rückgang der Elefantenpopulation in Afrika. Die ständig steigende Nachfrage nach Elfenbein hatte um 1860 dessen Preis in astronomische Höhen getrieben. Auf der Jagd nach dem „weißen Gold Afrikas" metzelten marodierende Banden Jahr für Jahr über 70.000 Elefanten nieder, jeder Stoßzahn brachte 60–80 Kilogramm Elfenbein; den Rest des Kadavers überließ man den Hyänen. Die majestätischen Tiere standen dadurch kurz vor der Ausrottung. Neben dem ökologischen Desaster drohte der Elfenbein verarbeitenden Industrie auch ein finanzielles. Der steigende Preis der Rohstoffe ließ sich nicht unbegrenzt an die Kunden weitergeben: Produkte wie Klaviertasten oder Billardkugeln wurden unerschwinglich. Die amerikanische Firma Phelan & Collendar, Hersteller von elfenbeinernen Billardkugeln, erdachte in ihrer Not daher einen Wettbewerb: Demjenigen, der als Erster ein für Billardkugeln geeignetes Ersatzmaterial für Elfenbein erfinden würde, winkte ein Preis von 10.000 Dollar.

Dass dieses Preisausschreiben den Startschuss zur Erfindung des ersten Kunststoffes im modernen Sinn geben würde, konnten die Geschäftsführer von Phelan Collendar nicht ahnen. In Albany, in der Nähe von New York, jedenfalls fühlte sich der Drucker John Wesley Hyatt von dem Wettbewerb herausgefordert – und machte sich mit seinem Bruder Isaiah an die Arbeit. Anfangs versuchten sie, Kugeln aus Stoff und Schellack zu formen und zu pressen. Wiewohl Hyatt dafür sein erstes Patent erwarb, schien das nicht der richtige Weg zu sein. Weiter probierten sie es mit einer Mischung aus Papierschnipseln, Sägemehl und Leim. Aber der Leim wurde nie so hart, dass er für Billardkugeln geeignet gewesen wäre.

Während der Tüfteleien blieben kleinere Verletzungen nicht aus; Hyatt hatte für solche Zwecke das bewährte „Englische Pflaster" Kollodium im Schrank der Werkstatt. Als ihm nun während der Arbeit an den Kugeln wieder ein solches Missgeschick passierte und er den Verbandsschrank öffnete, fiel ihm auf, dass das Fläschchen Kollodium umgestürzt und ausgelaufen war. Die eingetrocknete, harte Masse brachte ihn auf die entscheidende Idee: Kollodium als Ersatz für Leim! Hyatt machte sich sogleich daran, seine aus Papierbrei gepressten Kugeln mit Kollodium zu überziehen. Leider schrumpfte der Überzug beim Trocknen unregelmäßig, und die Kugeln erinnerten danach nur noch entfernt an ihre ursprüngliche Form. Nach langem Probieren fanden die Hyatt-Brüder aber die „rollfähige" Lösung – das US-Patent Nr. 105338 erklärt die Ingredienzien: Kollodium, in Wasser gelöst und zu einem Brei gemahlen, dazu die Farbpigmente, danach setze man dem feuchten Brei „fein zermahlene Kampfermasse hinzu, ungefähr ein Gewichtsanteil Kampfer zu zwei Gewichtsanteilen trockenen Kollodiums". Bei 60 bis 110 Grad Celsius Hitze wurden die Kugeln unter hohem Druck „gebacken" und anschließend getrocknet – und schon hatte man die ersehnten Billardkugeln in Händen.

Die Brüder Hyatt gründeten umgehend die „Albany Billard Ball Company" und lieferten die ersehnten Kugeln aus „Celluloid", wie sie das neue Material nannten, in die Saloons und Spielhäuser der gesamten USA. So ganz allerdings konnten die Kugeln ihr Innenleben nicht verhehlen – schließlich war ihr Hauptbestandteil nichts anderes als gelöste Schießbaumwolle. John Wesley Hyatt berichtete seinerzeit: „Wenn man eine brennende Zigarre an eine Kugel hielt, war das Ergebnis sofort eine Stichflamme, und manchmal führte ein heftiger Zusammenprall der Kugeln zu einer leichten Explosion wie von einem Zündhütchen. In einem Brief erwähnte der Besitzer eines Billardsaals in Colorado diese Explosionen und betonte, dass sie ihm ziemlich gleichgültig seien, nur ziehe jeder Mann im Raum im selben Augenblick seinen Revolver". Die 10.000 Dollar Preisgeld übrigens haben die Hyatt Brüder nie erhalten – sei es, da sie mit ihrer Albany Billard Company ein Konkurrenzunternehmen zu den Preisstiftern Phelan & Collendar aufgezogen haben oder weil den Stiftern die Erfindung der Hyatt-Brüder zu explosiv war. Ob überhaupt jemand mit dem Preis ausgezeichnet wurde, ist nicht überliefert.

Der neue Werkstoff aber eignete sich für weit mehr als nur für Billardkugeln. Das an sich farblose Celluloid nahm durch Beimischung von Pigmenten alle erdenklichen Farben bereitwillig an und erlaubte eine Vielzahl von Maserungen und Strukturen. Überdies ließ er sich sehr einfach handwerklich bearbeiten und – in heißem Wasser erwärmt – einfach verformen. Celluloid war daher ein ideales Ausgangsmaterial für alles, was zuvor aus den teuren natürlichen Werkstoffen Elfenbein, Schildpatt oder Horn hergestellt wurde: Kämme, Brillengestelle, Schälchen, Dosen, Füllhalter Spielzeug, Schmuck oder die Griffe von Messern, Würfel, etc. Dazu kamen aber auch ganz neue Anwendungsgebiete: Hemdkragen und Manschetten, von denen man den Schmutz einfach und vollständig mittels warmen Wassers wieder abwaschen konnte oder Gaumenplatten für künstliche Gebisse. Mehrere von den Hyatt-Brüdern gegründete Fabriken lieferten alles, was der Markt begehrte – neben der Billardkugelfabrik waren dies die „Celluloid Manufacturing Company" oder die „Albany Dental Plate Company". Und im Jahre 1884 meldete ein gewisser George Eastman, Chef des Kodak-Konzerns, den fotografischen Film auf Celluloidbasis zum Patent an. Nur wenig später lernten die Bilder laufen, das erste Kino der Brüder Lumière in Paris wurde dem Besucheransturm kaum Herr – Celluloid war der Stoff, auf dem die Träume Hollywoods fixiert wurden. Der Höhepunkt der Celluloidproduktion wurde im Jahr 1930 mit einem weltweiten Ausstoß von über 50.000 Tonnen erreicht. Danach wurde das Material mehr und mehr von modernen thermoplastischen Kunststoffen verdrängt.

Ein umgeworfenes Fläschchen Kollodium hatte den Anstoß gegeben für den ersten Kunststoff; und das gleiche Missgeschick sollte auch der Auslöser für die Entwicklung des ersten textilen Ersatzstoffes für Seide, der Reyon-Kunstfaser, werden. Eine „Nebenrolle" spielte dabei ein Naturforscher, den man gemeinhin nicht in Verbindung mit der Textilindustrie bringt: Louis Pasteur. Der große französische Bakteriologe wurde in den 70er-Jahren des 19. Jahrhunderts von den Seidenraupenzüchtern im Süden Frankreichs zur Hilfe gerufen. Die Tiere litten an der tödlichen Fleckenkrankheit, deren Ursachen niemand kannte. Pasteurs bahnbrechende Theorie, dass winzig kleine Mikroorganismen Auslöser vieler Krankheiten seien, hatte sich inzwischen nicht nur in Fachkreisen einigermaßen etabliert. Mit seinem Mikroskop entdeckte er tatsächlich sowohl bei den erkrankten Raupen als auch auf den Blättern der Maulbeerbäume, von denen sich die Raupen ernährten, Bakterien. Sein Tipp, alle erkrankten Raupen mitsamt den befallenen Bäumen zu vernichten und mit gesunden Raupen und Bäumen eine komplett neue Zucht zu beginnen, hatte Erfolg.

Seinen damaligen Assistenten, Graf Hilaire de Chardonnet, ließen die Probleme bei der Seidenproduktion nach diesem Einsatz vor Ort nicht mehr los. Auch wenn das edle Textil nicht mehr aus China eingeführt werden musste, war es auch im 19. Jahrhundert für Normalbürger unerschwinglich. Zu aufwändig war die Raupenzucht, und allzu häufig gab es Probleme wie die gefürchtete Fleckenkrankheit. Dem Geist der Zeit folgend, sann Chardonnet darüber nach, die Naturmaterialien durch Werkstoffe aus dem Reagenzglas zu ersetzen. Und da es da noch nicht so viele Möglichkeiten gab, experimentierte auch er mit den verschiedensten Formen von Cellulose – zunächst ohne durchgreifenden Erfolg. Da er gleichzeitig auch mit kollodiumbeschichteten fotografischen Platten experimentierte, fiel ihm der Grundansatz für das Problem „Kunstseide" förmlich auf den Labortisch. Als er nämlich eines Tages wieder einmal in der Dunkelkammer hantierte, stieß er eine Flasche Kollodium um. Da er die verschüttete Substanz nicht sofort aufwischte, hatte sie Zeit, ein wenig einzutrocknen; gerade so viel, dass sie – als Chardonett endlich zum Wischtuch griff – lange, zähe Fäden zog. Sofort ahnte er, dass sich hier ein Weg zur Herstellung künstlicher Seide auftun könnte.

Bis sein Produkt unter dem Namen „Reyon" auf der Pariser Weltausstellung des Jahres 1889 die Aufmerksamkeit der Weltöffentlichkeit erregte, war es aber noch ein langer, steiniger Weg. Sechs Jahre feilte er am Herstellungsverfahren, ehe sich tatsächlich aus Cellulose ein seidenähnlicher Faden ziehen ließ. Leider legte sich die Begeisterung über den neuen Stoff bald. Wie sich zeigte, war er wie alle Produkte, die nitrierte Cellulose enthielten, hochentzündlich. In der Boulevardpresse häuften sich Artikel über Kunstkleider, die sich am Kamin oder an Gaslichtern entzündet und ihren Trägerinnen üble Brandverletzungen beschert hätten. Vermutlich trug auch die Lobby der Naturseideproduzenten nach besten Kräften zur Verbreitung solcher Horrorgeschichten bei, und Chardonnet war gezwungen, die Brennbarkeit der Kunstseide herabzusetzen. Das ging allerdings nur auf Kosten der „Seidenähnlichkeit" seines Produkts. Wenig später kamen neue Kunstfasern auf den Markt, die der Chardonnet'schen Seide das Wasser abgruben. Der französische Graf starb verarmt 1924 in Paris.

14
Heiße Geschäfte durch kaltes Ziehen

Grundlagenforschung und ein Labor-Jux führen zur Erfindung von Nylon

*Als die Firma DuPont im Jahre 1928 dem Harvard-Professor
Wallace Carothers (1896–1937) die Leitung der neu
gegründeten Forschungsabteilung übertrug, beließ sie ihm
vertraglich alle Freiheiten, die Chemie der Polymere zu
erforschen. In konkrete Entwicklungen war er nicht einge-
bunden. Dennoch war seine Arbeit überaus fruchtbar; über
50 Patente gingen schon nach wenigen Jahren auf sein Konto.
Nachdem er quasi nebenbei den künstlichen Kautschuk*
Neopren *erfunden hatte, gelang ihm der große Wurf mit der
Kunstseide* Nylon. *So systematisch er seine Untersuchungen
auch angelegt hatte: Im entscheidenden Moment half ein nicht
im Forschungsprogramm vorgesehener Labor-Jux seiner
Mitarbeiter, um auf den entscheidenden Trick zu kommen.
Der größte Geschäftserfolg, den DuPont je hatte, behält
allerdings eine tragische Note. Carothers litt unter starken
Depressionen und nahm sich drei Wochen nach der Patent-
anmeldung für Nylon das Leben. Als Wissenschaftler, so
glaubte er, habe er versagt.*

Im September 1945 war der Zweite Weltkrieg überall beendet. Überall? In den USA scheinen sich seinerzeit noch bürgerkriegsähnliche Unruhen abgespielt zu haben, von denen die Geschichtsschreibung gemeinhin schweigt. „Frauen riskieren Leib und Leben bei der Schlacht um Nylonstrümpfe“, schreibt der *Augusta Chronicle* in Georgia, „30.000 Frauen laufen Sturm“, klagt die *New York Times,* und der *Minnesota Star* titelt: „Schreiende Menschenmengen stürmen Nylonstrumpf-Verkaufsstand.“ Glaubt man den Gazetten, war es die wahre Hölle für Verkaufspersonal und Ordnungshüter. Der *Herald Tribune* berichtet von 20 Polizeibeamten, die anrücken mussten, um die Massen vor einem Strumpfgeschäft in New York in Schach zu halten, in Philadelphia mussten 15 Polizisten Unterstützung von fünf berittenen Kollegen anfordern, um der Lage Herr zu werden. Der Weltkrieg war zu Ende, doch die Damen verlagerten den Kampf an den Verkaufstresen. Endlich gab es wieder, womit man den US-Bürgerinnen schon zu Beginn des Krieges der Mund wässrig gemacht hatte. Am 15. Mai 1940 hatte die Firma DuPont erstmalig Nylon-

Bild 1: Lange Schlangen vor den Strumpfgeschäften: Nach dem Krieg gab's endlich wieder *Nylons*

strümpfe auf den Markt gebracht, mit gigantischem Erfolg. Vier Millionen Paare waren binnen weniger Stunden allein in New York über die Verkaufstische gegangen, die Firma kam mit der Produktion nicht nach. Als jedoch Ende 1941 die USA in den Krieg eintraten, war es mit dem „*Hype*" zunächst vorbei. Die gesamte Nylonproduktion wurde für Kriegszwecke konfisziert, die Damenwelt musste wieder auf wollene Beinkleider oder auf die teuren echten Seidenstrümpfe zurückgreifen. Erst nach dem Krieg durfte DuPont statt Fallschirmen oder Fliegerkombis endlich wieder die begehrten *Nylons* herstellen.

Ausgangspunkt für den späteren Geschäftserfolg war die Entscheidung der DuPont Geschäftsleitung im Jahre 1927, eine Abteilung für chemische Grundlagenforschung aufzubauen. Was für die deutschen Chemiefirmen seit ihrer Gründung gang und gäbe war, war für eine US-Firma ein Novum. Dem damaligen Leiter der Chemiesparte DuPonts, Charles Stine, aber war klar, dass es mehr grundlegendes Wissen über die Vorgänge bei der Polymerisation brauchte, um auf dem gerade aufblühenden Gebiet der Kunststoffe mitmischen und

Bild 2: Die Erfindung von Nylon machte 1938 Schlagzeilen

neue Materialien entwickeln zu können. Beim Aufbau der neuen Abteilung war Stines das Beste gerade gut genug – apparativ und personell. Und den besten Ruf unter den organischen Chemikern jenseits des Atlantiks hatte der junge Harvard-Professor Wallace Hume Carothers. Trotz eines lukrativen Angebots DuPonts lehnte der zunächst ab – aus Angst, vor den Karren zweckgebundener Forschung gespannt zu werden. Erst ein persönlicher Besuch Stines und die Zusicherung völliger Forschungsfreiheit stimmten ihn um. Stines dürfte diese Zusicherung nicht schwer gefallen sein, da er die Forschungsleidenschaft Carothers für die Polymere kannte; und bei aller Freiheit hoffte er natürlich darauf, dass die neuen Erkenntnisse, die Carothers auf diesem Gebiet liefern würde, sich in neuen Produkten und damit in klingender Münze niederschlagen würden.

1928 begann Carothers in den modern eingerichteten DuPont-Labors in Wilmington, US-Bundesstaat Delaware, mit seinen Untersuchungen zur Polymerisation. Vor wenigen Jahren erst hatte sich der Freiburger Chemiker Hermann Staudinger mit seiner Theorie der Makromoleküle durchgesetzt. Polymere bestanden danach aus langen Ketten gleicher Bausteine – ob natürliche Stoffe wie Cellulose, Seide oder Gummi oder die ersten Kunststoffe wie Celluloid oder Bakelit. Sich neue Moleküle zielgerecht zu basteln, war noch Zukunftsmusik; zu wenig wusste man von den grundlegenden Vorgängen

Bild 3:   Wallace Carothers (1896–1937) in seinem Labor

beim Zusammenschluss der Einzelbausteine, der Polymerisation. Carothers wollte seinen Teil zur Aufklärung beitragen. Nach dem eingehenden Studium natürlicher Makromoleküle wie Cellulose und Seide wollte er die grundlegenden Mechanismen der Polymerisation „... von der synthetischen Seite her angehen", wie er in einem Brief schrieb, „eine Aufgabe wäre die Synthese von Verbindungen mit hohem Molekulargewicht. Ich halte es für durchaus möglich, Fischers Rekord von 4200 zu schlagen. Das wäre ausgezeichnet, und bald werden wir hier die Möglichkeiten haben, diese Substanzen mit den modernsten und leistungsfähigsten Apparaten zu untersuchen."

Eben dies tat er ausgiebig. Carothers beschäftigte sich dabei mit einer ganz bestimmten Stoffgruppe, den Acetylenen – vor allem, weil man die am wenigsten kannte. Seine Polymerisationsversuche ergaben eine Substanz, die dem natürlichen Kautschuk erstaunlich ähnlich war: Seine Arbeitsgruppe hatte – 1931 – quasi nebenbei den „künstlichen Kautschuk" Neopren hergestellt. Carothers experimentierte weiter mit den verschiedensten Polymerisationstechniken. In einer seiner ersten Veröffentlichungen als Angestellter DuPonts beschrieb er eine höchst komplexe Spielart der Polymerisation, die so genannte „Polykondensation". Dabei reihen sich ebenfalls viele einzelne Bausteine aneinander; allerdings laufen dabei komplizierte chemische Prozesse ab, wie z. B. die Abspaltung bestimmter Moleküle wie Wasser oder Salzsäure. Die Technik verfeinerte er weiter um eine ganz spezielle Komponente, die Chemiker heute „Molekulardestillation" nennen. Die betreffende Substanz, hier das Gas Acetylen, wird in einem Vakuum erhitzt. Eine ausgeklügelte Apparatur sorgt dafür, dass die bei der Polymerisation abgeschiedenen Stoffe schnell abgeführt werden.

All diese Dinge hatten nichts mit Zufall oder Glück zu tun, sondern beruhten auf einem akribisch geplanten und durchgeführten Forschungsprogramm. Was aber eines Tages geschah, als Carothers gerade nicht im Labor war, kann er kaum auf der Rechnung gehabt haben. Wie meist bei solchen „historischen Momenten" kursieren verschiedene Legenden über den genauen Ablauf; die von DuPont selbst überlieferte stellt ein übermütiges Spiel der Mitarbeiter in den Mittelpunkt. Carothers Mitarbeiter Julian Hill erhitzte besagten Tages des Jahres 1931 eine Polyestermasse. Polyester schien für grundlegende Versuche am besten geeignet, da er relativ einfach aufgebaut ist. In die erkaltende zähe Flüssigkeit tauchte Hill einen Glasstab und zog ihn heraus. Überraschenderweise ließ sich der Faden enorm in die Länge ziehen, wobei er einen seidenen Glanz bekam. Das erregte die Aufmerksamkeit seiner Kollegen, und gemeinsam probierten sie, wie lang sich der Faden wohl ziehen lassen würde. Sie tauchten den Glasstab in die zähe Polyestermasse, und rannten mit dem sich daran bildenden Faden quer durchs Labor. Er ließ sich um ein Vielfaches

Bild 4:   Julian Hill, Mitarbeiter von Carothers, stellt den historischen Moment nach, der zur Entdeckung des Kaltziehens führte

seiner ursprünglichen Länge dehnen, bekam dabei enorme Festigkeit und wurde durchscheinend.

Was Hill und seine Mitstreiter durch diesen Labor-Jux entdeckt hatten, war die Technik des „Kaltziehens". Wie spätere genaue Analysen offenbarten, ordnen sich die zuvor unregelmäßig orientierten Polyestermakromoleküle durch das Ziehen parallel in eine Richtung, wobei sie zusätzliche Verbindungen untereinander knüpfen, so genannte Wasserstoffbrückenbindungen. Das sorgte für Festigkeit, Elastizität und die durchscheinenden Eigenschaften des Fadens. Es war dieses Verfahren, das sich DuPont patentieren ließ und das die Grundlage für den Erfolg von Nylon bildete – nicht die Komposition des Ausgangsmaterials.

Aber vom Nylon waren Carothers und seine Mitarbeiter zu diesem Zeitpunkt ohnehin noch meilenweit entfernt. Der Polyesterfaden, den sie zu Stande gebracht hatten, eignete sich nämlich weder für technische noch für textile Anwendungen. Der Schmelzpunkt lag viel zu niedrig, zudem waren die Esterbindungen des Polyesters – trotz der „Stärkung" des Gesamtfadens durch das Kaltziehen – zu schwach. Viele Monate versuchte Carothers Arbeitsgruppe, die Technik auf andere Ausgangsstoffe zu übertragen. Dabei griffen sie auch auf die zuvor synthetisierten Polyamide zurück, die als nutzlos im Firmenarchiv lagen. Polyamide enthalten neben Kohlenstoff, Wasserstoff und Sauerstoff auch Stickstoffgruppen und kommen damit im Aufbau dem Protein recht nahe, aus dem auch Spinnenfäden bestehen. Über viele Monate hinweg probierten sie mit Carothers früher entwickelten Methoden unterschiedliche Arten der Polykondensation, und am 28. Februar 1935 waren sie erfolgreich. Aus den beiden Komponenten Adipinsäure und Hexamethylendiamin ließ sich ein Polyamid kondensieren, das sich anschließend mit der Kaltziehtechnik zu einem festen, elastischen Faden ziehen ließ.

Bis allerdings Nylon 1938 auf den Markt kommen konnte, waren noch enorme verfahrenstechnische Fragen zu lösen. Über 200 Mitarbeiter waren allein damit beschäftigt, das Polyamid zu einem Endlosfaden zu spinnen. Dabei traf es sich ideal, dass DuPont viel Erfahrung mit Reyon hatte, dem (leider brennbaren) Seidenersatz aus Kollodium (siehe im Kapitel „Brennende Schürzen und explodierende Billardkugeln"). Die auf diesem Gebiet gesammelten Erfahrungen der Faserproduktion fanden Anwendung auf den neuen Grundstoff. Letztendlich entwickelte DuPont ein Verfahren, das der Technik ähnelt, mit dem Seidenraupen ihre Fäden spinnen. Beim so genannten Schmelzspinnen wird die Polyamidschmelze durch eine Düse gepresst, abgekühlt, und erst anschließend „kaltgezogen". Am 27. Oktober 1938 verkündete Charles Stine, noch immer Chemiechef von DuPont, in einer vielbeachteten Rede auf einem Forum der New York Herald Tribune den Verkaufsstart für ein neues, epochemachendes Produkt: „Hiermit stelle ich zum ersten Mal eine völlig neue chemische Textilfaser vor", verkündete er unter der Überschrift „Wir betreten die Welt von Morgen", „die erste von Menschen hergestellte Textilfaser ... Obwohl Nylon aus nichts anderem als Kohle, Luft und Wasser hergestellt wird, können daraus Fäden gezogen werden, die fest sind wie Stahl, fein wie ein Spinnennetz, aber elastischer als jede andere Naturfaser, und mit einem wunderschönen Glanz." Das erste Anwendungsgebiet des neuen Produkts sahen die DuPont-Verantwortlichen allerdings keineswegs in der glänzenden Umhüllung von Frauenbeinen. Zunächst wurden Borsten für die in den USA berühmten Dr. West Zahnbürsten hergestellt; auch Angler durften sich über die elastischen Eigenschaften ihrer neuen Anglerleinen freuen.

Nylon war also alles andere als ein zufälliges „Nebenprodukt" der Forschung. Bis die ersten Nylonprodukte auf den Markt kamen, waren elf Jahre vergangen, 27 Millionen Dollar waren in die Forschung und Entwicklung investiert worden. Dennoch musste auch hier ein nicht planbares Moment – die „kindische" Spielerei der Mitarbeiter – den richtigen Weg weisen. Wallace Carothers erlebte den Erfolg von Nylon nicht mehr. Nachdem im Januar 1937 seine Schwester überraschend starb, verfiel er in eine der tiefen Depressionen, die ihn immer wieder befielen. Ständig fühlte er sich als wissenschaftlicher Versager. Wie der ehemalige DuPont Mitarbeiter Bob Hendrick in seinen Memoiren berichtet, war Carothers enttäuscht, dass niemand seine eigentlichen wissenschaftlichen Leistungen sah; alle betrachteten seine Beiträge zur Grundlagenforschung als gelegentliche, zufällig auftretende Nebenprodukte seiner Arbeiten. Im April 1937 sah Carothers keinen Ausweg mehr aus dem tiefen Tal seiner Depression; mit einem Zyankalicocktail nahm er sich das Leben – drei Wochen, nachdem DuPont das Patent auf den Kaltziehprozess zugesprochen wurde.

15
Der Kunststoff aus dem Einmachglas

Ein „Dreckeffekt" macht Polyethylen zum Massenprodukt

Ob Einkaufstüten, Frischhaltefolien, Haushaltsschüsseln oder Plastikspielzeug: Polyethylen war der Kunststoff, der zu Beginn der 1960er-Jahre den Alltag wohl am nachhaltigsten veränderte. Jedes zweite Kunststoffprodukt, das heute die Fabriken verlässt, ist aus Polyethylen oder seinem engen Verwandten Polypropylen gefertigt, die weltweite Jahresproduktion liegt bei etwa 50 Millionen Tonnen. Möglich wurde seine kostengünstige und massenhafte Produktion durch ein Herstellungsverfahren, das im Mülheimer Max-Planck-Institut für Kohlenforschung entdeckt wurde. Akribische Grundlagenforschung, die im Institut hochgehalten wurde und ein allzu sorgfältig gereinigtes Reaktionsgefäß wiesen den Weg.

Ausgerechnet die Kohlenforschung. Sicher, in der Kokerei fallen große Mengen Ethylen an, ein wichtiger Grundstoff moderner Kunststoffe; dass aber gerade das Mülheimer Max-Planck-Institut für Kohlenforschung Ausgangspunkt einer Revolution in der Kunststoffherstellung werden sollte, war bei der Gründung der altehrwürdigen Forschungsstätte im Jahre 1914 kaum abzusehen. Das

Bild 1:   Max-Planck-Institut für Kohlenforschung, Mülheim an der Ruhr

Mülheimer Institut war das dritte Institut der „Kaiser-Wilhelm-Gesellschaft",
die drei Jahre zuvor, zum hundertjährigen Bestehen der Berliner Universität,
in Berlin aus der Taufe gehoben wurde. Grundlagenforschung in „Forschungs-
bereichen, die durch ihre Aufgabenstellung, Größe und Struktur für die
Hochschulforschung noch nicht reif oder wenig geeignet sind", hatte sich die
Gesellschaft schon damals auf die Fahnen geschrieben, ein Motto, dem sie
auch nach ihrer Umbenennung in „Max-Planck-Gesellschaft" im Prinzip treu
blieb.

Nachdem im Jahre 1912 in der Reichshauptstadt die Institute für Chemie
sowie für Physikalische Chemie und Elektrochemie ihre Arbeit aufgenommen
hatten, wurde der Ruf nach einem Institut im Herzen des Reiches immer lauter.
Industriegrößen wie August Thyssen und Hugo Stinnes setzten ihren Einfluss
ein, dass ein Institut, das sich laut Satzung „der wissenschaftlichen Erforschung
der Kohle" widmen sollte, in Mülheim an der Ruhr angesiedelt wurde. Auch
wenn die Arbeit des Instituts zu großen Teilen vom Bergbau finanziert wurde,
sollte es keinerlei direkten Einfluss der Industrie auf die Forschung geben. „Die
Wissenschaft lässt sich nicht kommandieren", stellte Adolf von Harnack, Grün-
dungsvater der Kaiser-Wilhelm-Gesellschaft, bei der Eröffnung des Mülheimer
Instituts klar, „und oft trägt jahrzehntelange Arbeit keine Frucht. Aber wir wis-

sen, dass auch negative Resultate Resultate sind, und dass es keinen anderen Weg des Fortschritts gibt, als den der methodischen Arbeit."

Dennoch gab es natürlich hoffnungsvolle Hintergedanken bei der Wahl des Forschungsgebiets. Kohlenforschung – das bedeutete zunächst einmal die mühevolle Suche nach einem Weg, das im Deutschen Reich reichlich vorhandene „schwarze Gold" zu verflüssigen – als einfacher zu handhabenden Heizstoff und zur Anwendung in Verbrennungsmotoren, die ihren unaufhaltsamen Aufstieg gerade begonnen hatten. Dass dies grundsätzlich möglich ist, wusste man bereits; wirtschaftlich einsetzbar waren die Laborverfahren allerdings nicht. Nur mit geeigneten Katalysatoren, so ahnte man, würde sich der hochkomplexe Feststoff Kohle verflüssigen lassen. Und bei dem Begriff „Katalyse" bekam jeder Chemiker Anfang des Jahrhunderts glänzende Augen. Erst kurz zuvor konnten ihre chemischen Grundprinzipien aufgeklärt werden: Der Ablauf chemischer Reaktionen wird durch die bloße Anwesenheit bestimmter anderer Stoffe derart beschleunigt, dass so mancher chemische Laie darin eine wissenschaftliche Variante der Hexerei wähnt. Emil Fischer, erster deutscher Chemie-Nobelpreisträger, gab dem in seiner Laudatio auf das neue Mülheimer Institut Ausdruck: „Die Chemie der Gase ist seit einiger Zeit in eine neue Epoche, in das Zeichen der Katalyse, getreten. Mit Hilfe von Katalysatoren gelingen die wunderbarsten Umwandlungen durch Wasserstoff, Sauerstoff, Stickstoff, Kohlenstoff bei Temperaturen, die viele Hundert Grad niedriger sind als diejenigen, bei denen man früher diese Gase reagieren sah. Dieses Kapitel der Katalyse ist schier unbegrenzt und gerade hier verspricht eine gründliche Durcharbeitung lohnenden Erfolg." Schon 1926 führte diese „gründliche Durcharbeitung" im Mülheimer Institut zum Durchbruch: Mit dem hier entwickelten „Fischer-Tropsch-Verfahren" zur Benzinsynthese wurden Anfang der 1940er-Jahre 600.000 Tonnen Benzin pro Jahr erzeugt.

Auch nach dem Zweiten Weltkrieg blieb die Chemie der Kohlenstoffgase Hauptarbeitsgebiet des Mülheimer Instituts. Die „Frühgeschichte" des Polyethylens allerdings hatte da bereits begonnen – in England, beim Chemieunternehmen Imperial Chemical Industries (I. C. I). Auch hier schon hatte sich der Zufall die Ehre gegeben. I. C. I. war 1926 als Gegengewicht zur mittlerweile zur I. G. Farben zusammengeschlossenen deutschen chemischen Industrie gegründet worden. Nachdem der Start ins Düngemittel-Business wegen der Weltwirtschaftskrise zum Flop geriet, setzte man auf verstärkte Grundlagenforschung, um ein Stück vom Kuchen des künftigen Chemiemarktes zu ergattern. Konkrete „Polymerforschung" gehörte nicht dazu – ganz einfach, weil es die in dieser Form noch gar nicht gab. Die ersten Kunststoffe wie Celluloid oder Kunstseide (siehe im Kapitel „Brennende Schürzen und explodierende Billardkugeln") hatten sich zwar beachtliche Einsatzgebiete erkämpft; lange aber war weder den Herstellern noch den Chemikern an den Universitäten klar, wie diese Stoffe eigentlich aufgebaut waren, geschweige denn, dass sie gewusst hätten, wie sie sich gezielt herstellen ließen. Erst Ende der 1920er-Jahre setzte sich Hermann Staudingers Theorie der Makromoleküle durch, nach der Polymere nichts anderes sind als lange Ketten immer gleicher Bausteine. Wie sich in der Natur viele Zuckermoleküle zusammenschließen, um Stärke oder Cellulose zu bilden, könnten sich auch künstliche Makromoleküle herstellen lassen.

Das Gas Ethylen (C_2H_4) gehörte anfangs nicht zu einem Kandidaten für die Polymerisation. „Meister" Staudinger persönlich hielt es noch 1935 für ausgeschlossen, dass sich Ethylenmoleküle zu längeren Ketten zusammenschließen können. Als die I. C. I.-Forscher im britischen Norwich daher Ethylen, als wichtiger chemischer Grundstoff bekannt, in ihrer neuen Hochdruckanlage Temperaturen von 180 Grad und Drücken von 1800 bar aussetzten, hatten sie damit nicht im Sinn, die Moleküle zur Polymerisation zu zwingen. Sie wussten, dass Gase unter derartigen Bedingungen häufig ihre Eigenschaften änderten und sich kaum vorhersehbare chemische Reaktionen abspielten. Und eben diesem Verhalten wollten sie nachspüren.

Wiederholte Male hatte man bereits Ethylen mit diversen Beimengungen den höllischen Bedingungen ausgesetzt, als bei einem der Versuche der Druck in der Anlage plötzlich abfiel. Niemand konnte zu diesem Zeitpunkt sagen, ob das die Folge einer Reaktion des Gases oder schlicht eines Lecks in der Anlage war. Um die Versuchsreihe zu Ende führen zu können, pumpten die Forscher zum Ausgleich des Druckverlustes Ethylen nach. Nach Ende des Versuches fanden sich acht Gramm eines weißen Feststoffs in dem Reaktionsgefäß – Polyethylen, wie die genauere Analyse zeigte. Keiner der Forscher wusste zunächst, wie sie diesen „Erfolg" zu Stande gebracht hatten. Es dauerte Monate, bis sie den Ursachen auf die Spur kamen. Der plötzliche Druckabfall war tatsächlich keine ausschließliche Folge der Polymerisation, sondern eines Lecks in der Anlage. Mit dem Ethylen, das nachgepumpt wurde, geriet auch ein wenig Luftsauerstoff in das Reaktionsgefäß. Wie sich zeigte, war dies gerade die richtige Menge, die als Katalysator die Polymerisation von Ethylen in nennenswerten Mengen erst ermöglichte.

Einen Markt für den Kunststoff allerdings gab es zunächst nicht – bis ein Kabelhersteller bei den Chemiefirmen des Landes dringend um Isolationsmaterial für das geplante Unterwasser-Telefonkabel von Europa nach Amerika nachsuchte. Den absoluten Durchbruch bedeutete diese Anwendung zwar nicht, I. C. I. aber errichtete immerhin eine kleine Fabrik, die ausschließlich Polyethylen für diese „Pilotanwendung" herstellte. Kaum hatte sie 1939 ihren Betrieb aufgenommen, begann mit Hitlers Einmarsch in Polen der Zweite Weltkrieg. Den I. C. I.-Verantwortlichen schwante bereits ein neuerlicher Flop. Wie

Jahre zuvor bei den Düngemitteln, war man bereit zur Produktion, da machte die weltpolitische Entwicklung einen Strich durch die Rechnung. Das Transatlantikkabel wurde vorerst tatsächlich nicht verlegt – der Zweite Weltkrieg aber sollte dem Polyethylen einen völlig neuen Markt eröffnen.

Die englischen Küsten wurden mit einer ganzen Batterie von Radargeräten ausgestattet, die – vor wenigen Jahren erst entwickelt – deutsche Bomber rechtzeitig orten konnten. Auch Flugzeuge und Schiffe wurden mit mobilen Radargeräten ausgerüstet. Große Mengen flexible, gegen Hochfrequenzen abgeschirmte Kabel waren dafür nötig – Polyethylen erwies sich als ideales Material. Während man nämlich bei den Radarstationen am Boden zur Isolierung auf das unflexible und schwere Kautschukderivat Guttapercha zurückgreifen konnte, wäre ein Einsatz von Radargeräten in Flugzeugen ohne das leichte und biegsame Polyethylen undenkbar gewesen. Die Entdeckung der I. C. I.-Chemiker trug so entscheidend dazu bei, dass die englischen Streitkräfte der vernichten-

Bild 2:   Gebrauchsgegenstände aus Polyethylen (Hoechst-Markenname: Hostalen) versprachen Anfang der 60er-Jahre ein sorgenfreies Leben

den Übermacht der deutschen U-Boot-Flotte Herr werden konnten: Radar-
ortung von Flugzeugen aus gab dem Krieg die entscheidende Wende.

Das Polyethylen, das bei I. C. I. entdeckt wurde, ist heute unter dem Namen
„Hochdruckpolyethylen" bekannt und wird für bestimmte Anwendungen nach
wie vor eingesetzt. Die Polymerketten, die bei der Polymerisation unter hohem
Druck entstehen, sind nicht streng linear, sondern hin und wieder verzweigt.
Das führt dazu, dass der Kunststoff eine relativ niedrige Dichte und vor
allem einen geringen Schmelzpunkt hat. Seiner Verwendung als Ausgangsmaterial für Folien und Verpackung steht das nicht im Wege; eine weitere Karriere,
im Haushalt etwa, war dem Hochdruckpolyethylen allerdings verbaut: Schon
mäßig heißes Wasser hätte jede Polyethylenschüssel dahinschmelzen lassen.
Den endgültigen Durchbruch im Alltag schaffte das Polyethylen erst durch
ein völlig neues Herstellungsverfahren, bei dem sich die Ethylenmoleküle
ohne Verzweigungen zu langen Ketten zusammenschließen; nicht einmal
hohe Drücke braucht es dazu – der „Trick" besteht allein im Zusatz eines speziellen Katalysators, der 1953 im Mülheimer Max-Planck-Institut für Kohlenforschung entdeckt wurde. Wieder war es eine kleine Betriebsstörung, die den
Weg zu einem neuen Herstellungsverfahren wies, das zehn Jahre später mit dem
Chemie-Nobelpreis ausgezeichnet werden sollte.

1943 hatte der Chemiker Karl Ziegler die Leitung des Mülheimer Instituts
übernommen – ein wahrer Überflieger unter den deutschen Chemieprofesso-
ren. Sein Studium hatte er inklusive Promotion in dreieinhalb Jahren beendet
– mit 22 Jahren. Als Professor an den Universitäten Heidelberg und Halle
hatte er sich einen hervorragenden Ruf erworben, vor allem auf dem Gebiet
metallorganischer Verbindungen – eine chemisch hochinteressante Substanzklasse, die allerdings, anwendungstechnisch gesehen, völlig nutzlos war. Ziegler
war durch und durch Grundlagenforscher und zögerte daher lange, dem Ruf
nach Mülheim zu folgen. Seine Hauptsorge war, dort vor den Karren zweck-
bestimmter Forschung gespannt zu werden. „Ich will hier freimütig bekennen,
dass meine erste seelische Reaktion völlig negativ war", berichtete er später.
„Das hatte seinen Grund: Ich hatte in meinem wissenschaftlichen Leben glückliche Jahre hinter mir, in denen allein die Freude an der selbst gewählten Aufgabe bestimmend war für meine Arbeiten ... Die gerade vorausgegangene Zeit
der „gelenkten" Forschung hatte mir klar gezeigt, dass ich mich für die Bearbei-
tung vorbestimmter Probleme wenig eignete. Bis auf vereinzelte Ausnahmen
hatten sich meine Forschungen stets aus neuen Beobachtungen heraus entwickelt, die bei den jeweils vorangegangenen Arbeiten gemacht worden
waren ... Es ist natürlich, dass mich bei dieser Geisteshaltung die im Namen
des mir angebotenen Instituts zum Ausdruck kommende Zweckbestimmung
störte." Erst nach langen Verhandlungen und der bedingungslosen Zusiche-

Bild 3: Karl Ziegler (1898–1973) in seinem Labor

rung, in Mülheim „völlige Freiheit der Betätigung im Gesamtbereich der Kohlenstoffverbindungen (Organische Chemie) zu haben, ohne Rücksicht darauf, ob meine Arbeiten etwa unmittelbar einen Zusammenhang mit der Kohle erkennen lassen würden oder nicht", willigte Ziegler ein und wechselte von der Saale an die Ruhr.

Die metallorganischen Verbindungen ließen Karl Ziegler auch an seiner neuen Wirkungsstätte nicht los – Verbindungen von organischen Molekülen und Metallatomen. Um sie näher zu erforschen und neue Verbindungen zu erzeugen, wollten seine Mitarbeiter in Druckgefäßen zum Beispiel das exotische Lithiumaluminiumhydrid mit dem „chemischen Standardgas" Ethylen reagieren lassen. Tatsächlich bildete sich bei diesen Versuchen eine Flüssigkeit. Enttäuschenderweise aber zeigte die Analyse, dass sie kein Reaktionsprodukt der beiden Substanzen war, sondern dass es sich um kurze Ketten von Ethylen handelte – flüssiges Polyethylen. Die Aluminiumverbindung hatte als Katalysator dazu geführt, dass sich stets 10–20 Ethylenmoleküle zu einem kurzen Polyethylenstrang verbanden. Anzufangen war damit nichts, und aus Anwendungssicht

noch unbrauchbarer war, was dann plötzlich geschah. „Beim gleichen Versuchsaufbau, wie wir ihn schon viele Male durchgeführt hatten, verbanden sich
plötzlich immer nur genau zwei Ethylenmoleküle, danach stoppte die Aufbau-
reaktion", erinnert sich Heinz Martin, einer der wissenschaftlichen Mitarbeiter
Zieglers. Der „Chef" aber wollte unbedingt wissen, warum plötzlich nur noch
ein Dimer und kein Polymer entstand.

Eine wochenlange Suche nach den Ursachen begann. Die Versuche waren in
einem Edelstahl-Druckbehälter durchgeführt worden, der natürlich auch für
andere Versuche genutzt wurde. Daher hatten die Chemiker zunächst Verunrei-
nigungen in Verdacht. Die glaubte man aber bald ausschließen zu können:
Schließlich reinigte der neue Laborant die Gefäße stets besonders gründlich –
sogar mit Salpetersäure. Doch gerade hierin sollte der Grund für den unerklärlichen Abbruch der Reaktion liegen. Die Salpetersäure nämlich ätzte die Innen-
wand des Edelstahlbehälters leicht an. Edelstahl enthält immer etwas Nickel,
und die freigesetzten Nickelspuren blieben in den mikroskopisch kleinen Ver-
tiefungen der Gefäßinnenwand haften. Wie sich zeigte, waren sie (präziser: ein
bestimmtes Nickelsalz) für den Abbruch der Reaktion verantwortlich. Aus
Anwendungssicht war ein solches Ergebnis natürlich völlig unbrauchbar: Ein
Katalysator war gefunden, der die Polymerisation geradezu verhindert. Damit
lässt sich auch in der reinen Forschung kaum ein Blumentopf, geschweige
denn der Nobelpreis gewinnen. Aus Sicht des Grundlagenforschers allerdings
war dies ein höchst interessanter Vorgang.

„In den folgenden Wochen testeten wir alle erdenklichen metallorganischen
Verbindungen durch, ob sie vielleicht eine ähnliche Wirkung haben wie das
Nickelsalz", erinnert sich der damalige Doktorand Heinz Breil. Tatsächlich fanden sich einige Metallsalze, die die Reaktion ebenfalls zum Stillstand brachten.
Beim systematischen Durchmustern allerdings fanden sich auch einige Verbindungen, die genau den gegenteiligen Effekt hatten: In ihrer Anwesenheit verbanden sich die Ethylenmoleküle scheinbar mühelos, ohne hohen Druck
oder hohe Temperatur zu langen, völlig linear aufgebauten Ketten. Schneewei-
ßes, reines Polyethylen ließ sich in ihrer Anwesenheit in einem ganz gewöhn-
lichen Weckglas auf dem Labortisch erzeugen. Die erste Weckglasfüllung
wird noch heute im Museum des Instituts verwahrt. Wie sich nämlich schnell
zeigte, war der neue Stoff dem Hochdruckpolyethylen in vielen Eigenschaften
überlegen. Der lineare Aufbau bedingte eine höhere Dichte und einen erheblich
höheren Schmelzpunkt. Plastikbecher und -schüsseln wurden dadurch erst
salonfähig – selbst in der Spülmaschine schmolzen sie nicht.

Vor allem aber war die Herstellung viel einfacher und effektiver als die des
bei I. C. I. erfundenen Polyethylens. Es waren keine teuren und umständlich
zu bedienenden Hochdruckgefäße mehr nötig. Zwar enthielt der am besten

Bild 4:   Das „historische" Weckglas, in dem Polyethylen entstand

funktionierende Katalysator Titan, das sehr teuer war; da aber Katalysatoren definitionsgemäß nicht verbraucht werden, ließ sich die teure Substanz immer wieder verwenden. Und während bei der Hochdrucksynthese stets nur etwa ein Fünftel des eingesetzten Ethylens in die Synthese einging, war die Ausbeute bei dem neuen Verfahren sehr viel höher.

Der italienische Chemiekonzern Montecatini hatte seinerzeit ein Lizenzabkommen mit den Mülheimer Forschern. Giulio Natta, Mitarbeiter des Mailänder Unternehmens, probierte die neuen Katalysatoren gleich auch bei anderen Kohlenwasserstoffen aus – etwa beim Propylen. Propylen sieht chemisch ganz ähnlich aus wie Ethylen, hat allerdings ein Kohlenstoffatom mehr. Kein Wunder, dass der neue Katalysator auch hier funktionierte – das Polypropylen war geboren. Das Patent hierzu reichte Natta 14 Tage vor den Mülheimer Forschern ein. Die Begeisterung darüber hielt sich in Mülheim verständlicherweise in Grenzen, auch wenn die deutschen Lizenzeinnahmen aus dem Polypropylengeschäft dem Max-Planck-Institut und nicht Natta zuflossen. Wie dem auch

Bild 5:   König Gustav Adolf von Schweden überreicht 1963 den Chemie-Nobelpreis an Karl Ziegler

sei: 1963 wurden Karl Ziegler und Giulio Natta für ihre Forschungen mit dem Chemie-Nobelpreis ausgezeichnet.

„Ziegler-Natta-Katalysatoren", wie die neuen Hilfsmittel genannt wurden, wurden für fast vierzig Jahre das wohl wichtigste Hilfsmittel der chemischen Industrie. Nicht nur Ethylen und Propylen, sondern auch andere Kohlenwasserstoffe wie Vinylchlorid ließen sich mit ihnen zu Kunststoffen „veredeln", und die veränderten unseren Alltag nachhaltig. Die Grundlagen dazu wurden nicht durch kurzschlüssig anwendungsorientierte Forschung geschaffen, sondern durch die Arbeiten eines Grundlagenforschers, dessen „Triebfeder allezeit nur die wissenschaftliche Neugier war, der unbändige Spaß, den es macht, wenn man irgendetwas entdeckt, was noch niemandem vorher bekannt war". Karl Ziegler, der 1973 in Mülheim starb, ärgerte es geradezu, dass seine Entdeckung als Beispiel dafür gewürdigt wurde, dass auch völlig „nutzlose" Forschung irgendwann einmal zu etwas nutze sei. Darauf, betonte er immer wieder, komme es gar nicht an. Wissenschaft sei um ihrer selbst willen zu fördern und nicht in der Hoffnung auf eine irgendwann vielleicht einmal zu erzielende Anwendung. Immerhin aber ermöglichten die reichlich fließenden Lizenzgebühren nicht nur einen großzügigen Neubau, sie sicherten auch bis in die jüngste Zeit den Forschungsbetrieb am Mülheimer Institut.

16
Das Geheimnis des Schrankes

Daguerre erfindet die Fotografie

Den Wunsch, die Welt in Bildern festzuhalten, scheint der Mensch schon kurz nach der Erfindung des aufrechten Ganges gehegt zu haben. Doch von den steinzeitlichen Höhlenzeichnungen bis zum knipsenden Urlauber mit Wegwerfkamera sollte es noch ein weiter Weg sein (technologisch zumindest, nicht unbedingt, was den künstlerischen Ausdruck angeht ...). Einen entscheidenden Meilenstein auf diesem Weg setzte der französische Maler und Physiker Louis Jacques Mande Daguerre (1787–1851), indem er mit der Daguerreotypie die erste praktisch nutzbare Technik des Fotografierens entwickelte. Trotz langjähriger, intensiver Bemühungen war es der Zufall, der ihm dabei den entschiedenen Fingerzeig gab.

Was der französische Philosoph Jean Jacques Rousseau mit der Erfindung der Fotografie zu tun hat, ist in den einschlägigen technikhistorischen Werken in aller Regel nicht verzeichnet. Sein Ruf *„retour à la nature"* aber – Zurück zur Natur – prägte Kunst und Philosophie in der zweiten Hälfte des 18. Jahrhunderts derartig, dass die Natur zum Maß aller Dinge wurde; ihre möglichst getreue Wiedergabe war Ansporn für alle Künstler – ob Poeten oder Maler. Die Werke der romantischen Landschaftsmaler wie van Delft, Canaletto oder

Turner zeugen noch heute davon, und auch der 1787 geborene Louis Daguerre erfuhr seine Malereiausbildung in diesem Zeitgeist, als er, gerade siebzehnjährig, aus der Provinz nach Paris kam. Als Lehrling für Bühnenmalerei an der Pariser Oper konnte er sich im Naturalismus derart üben, dass er bald ganze Landschaften in wirklichkeitsnaher Perfektion auf die Leinwand zu bannen verstand. Höhepunkt seines malerischen Schaffens war das „Diorama", das er 1822 an einem belebten Pariser Boulevard eröffnete. In dem riesigen Rundbau stellte er auf bis zu 14 mal 22 Meter großen, durchscheinenden Leinwänden Landschaften, Gebäude oder historische Ereignisse dar. Daguerres Diorama war vor allem wegen seiner ausgeklügelten Licht- und Geräuscheffekte berühmt, und schon ein Jahr später eröffnete er in London ein ähnliches „Natur-Schauspiel".

Damit die nach Natur gierenden Besucher ständig neue Reize bekamen, musste er die gigantischen Gemälde immer häufiger auswechseln; trotz einer Vielzahl von Assistenten kam er mit dem Malen kaum mehr nach. Um sich die Arbeit etwas zu erleichtern, fertigte er – wie viele andere Künstler seiner Zeit – die ersten Skizzen seiner gigantischen Gemälde an, indem er die Projektionen einer *Camera obscura* nachzeichnete. Dieser Vorläufer des Fotoapparats war schon seit dem 13. Jahrhundert bekannt. Es ist nichts weiter als ein schwarzer Kasten mit einer kleinen Öffnung auf einer Seite; das eintreffende Licht erzeugt auf der der Öffnung gegenüberliegenden Wand ein seitenverkehrtes

Bild 1:   Louis Jacques Mande Daguerre (1787–1851)

und umgekehrtes Bild. Ausgeklügelte Spiegeleinrichtungen richteten das Bild wieder auf, sodass es von den Künstlern in wahrhaft „Kammer"-großen, begehbaren Camerae obscurae nachgezeichnet werden konnte. Was zu Daguerres Künstlerglück allerdings fehlte, war, dass die Camera das Bild selbsttätig, ohne es nachzeichnen zu müssen, festhielt. Neben seinen künstlerischen Bemühungen wurde die Umsetzung dieser Idee bald zu seinem zweiten Lebenszweck, ja fast zur Manie, der er jede freie Minute widmete.

In seinem Atelier stapelten sich fortan neben Farbtöpfen alle erdenklichen Chemikalien und polierte Metallplatten, auf die er die Bilder der Camera obscura zu bannen hoffte. Er setzte auf silberbeschichtete Kupferplatten. Schon 1727 nämlich hatte der deutsche Anatomieprofessor Johann Heinrich Schulze bewiesen, dass das Schwarzwerden von Silbersalzen, das seit dem 16. Jahrhundert bekannt war, durch Licht und nicht durch Hitze ausgelöst wurde. Schulze bewies dies dadurch, dass er Wörter auf einer Silbersalzschicht belichtete. An das Abbilden der Natur oder gar daran, das Belichtungsergebnis permanent zu fixieren, dachte er nicht. Da musste halt erst ein Maler kommen.

Daguerre probierte die verschiedensten Kombinationen von Chemikalien aus, die er auf die Platten auftrug – vor allem verschiedenste Silbersalze.

Bild 2:   Camera obscura

Nach vielen Stunden Belichtungszeit, und auch nur, wenn die Sonne gleißend vom Himmel stach, zeichnete sich dann auf der Platte tatsächlich ein schemenhaftes Bild der Welt ab – in der leider während der Belichtungszeit eine Menge passiert war. Auch wenn an die Aufnahme sich bewegender Objekte ohnehin nicht zu denken war, war auf jeden Fall die Sonne gewandert und warf die unterschiedlichsten Schatten, die das „Bild" – sofern man Silberjodidverfärbungen überhaupt als ein solches bezeichnen konnte – extrem verzerrten. Überdies handelte es sich stets um ein negatives (und spiegelverkehrtes) Bild, da sich das Silbersalz durch Belichtung nun mal dunkel verfärbte. Und bei allem durfte Daguerre die belichteten Platten nie außerhalb seines abgedunkelten Arbeitszimmers betrachten, da sich sonst die Platte komplett schwarz verfärbte – eine Fixierungsmethode war noch nicht gefunden.

Nach drei Jahren vergeblichen Experimentierens bekam Daguerre von seinem Optiker, der ihm zuverlässig die verschiedensten Linsen für seine Camera obscura schliff, die Adresse von Nicéphore Niepce, einem Erfinder und Lithografen in der Provinzstadt Chalon-sur-Saône, 300 km südöstlich von Paris. Der bezog beim gleichen Optiker ebenfalls Linsen für Camera-obscura-Experimente und hatte ebenfalls die fixe Idee, die Bilder der Camera fix auf eine Platte zu bannen. Auch bei ihm war es ein künstlerisches Anliegen, das ihn auf diese Idee brachte. Um Lithografien herzustellen, mussten auf Papier erstellte Zeich-

Bild 3:   Nicéphore Niepce, Mitstreiter Daguerres (1765–1833)

nungen mühsam auf den lithografischen Stein übertragen werden, der dann zum Druck genutzt wurde. Niepce suchte nach einer „Automatisierungsmöglichkeit" für diesen Vorgang und bestrich den Stein mit einer speziellen Asphaltlösung. Nach stundenlanger Belichtung unter der Sonne härteten die helleren Bereiche aus, während die dunkleren flüssig blieben und ausgewaschen werden konnten. Seit 1826 experimentierte er über seine lithografischen Versuche hinaus auch mit einer Camera obscura. Er trug seine Bitumenlösung auf eine Zinnplatte auf und hoffte so, das Kamerabild einzufangen. Tatsächlich gelang ihm dies auch, und seine „Heliografie", wie er es nannte, aus seinem Fenster in den Hof seines Anwesens aus dem Jahre 1827 gilt als erste erfolgreiche fotografische Darstellung – mit achtstündiger Belichtungszeit.

Nach einiger Zeit des Abtastens schlossen Daguerre und Niepce Ende 1829 einen richtigen Vertrag, gemeinsame Sache zu machen. „Herr Niepce bringt in die Gesellschaft seine Erfindung ein. Herr Daguerre bringt ... seine Talente und seine Geschicklichkeit ein", heißt es in dem Vertrag, und weiter: „Die Erfindung darf selbst im Falle des Ablebens eines Teilhabers nur unter dem Namen Niepce-Daguerre veröffentlicht werden." Dass es viel „Talent und Geschicklichkeit" bedürfen würde, aus „Herrn Niepces Erfindung" ein praktikables Abbildungsverfahren zu machen, war Daguerre sicher sofort klar. Niepces Verfahren ergab zwar den „Druckstock" für ein einigermaßen erkennbares Bild, allerdings war die Bitumenlösung noch weit lichtunempfindlicher als Daguerres Silbersalze, und die Bilder waren noch unschärfer als Daguerres eigene Produkte – nicht zuletzt aufgrund der langen Belichtungszeit.

Die Fusion der beiden Erfinder Niepce und Daguerre sollte allerdings nicht so recht in Gang kommen. Mehr oder weniger forschten beide an ihren jeweiligen Standorten vor sich hin, Synergieeffekte gab es kaum. 1831 gelang Daguerre immerhin eine weitere Verbesserung der Technik (die Historiker streiten sich, ob die Grundidee dazu von Niepce stammte). Noch vor der Belichtung setzte er die silberbeschichteten Kupferplatten Joddampf aus; das sich dadurch bildende Silberjodid reagierte besser auf Licht als alle seine vorherigen Salzmischungen. Dennoch blieben die Belichtungszeiten unerträglich lang, die Bilder höchst schemenhaft. Nach dieser Entdeckung schien aber auch Daguerre mit seinem Erfinderlatein am Ende; und als Niepce – 22 Jahre älter als Daguerre – im Sommer 1833 einem Schlaganfall erlag, gab es wenig Hoffnung, dass aus dem gemeinsamen Projekt noch irgendetwas werden konnte – bis der Zufall zu Hilfe kam. Wie genau die wohl wichtigste Entdeckung in der Geschichte der Fotografie ablief, darüber kursierten bald verschieden ausgeschmückte Legenden – Laborbücher hatte der Pariser Hobbyforscher nicht geführt. Ungefähr jedenfalls muss es sich folgendermaßen zugetragen haben.

Daguerre ließ sich auch nach dem Tode seines Kompagnons nicht entmutigen und verwendete jede freie Minute und jeden Francs, den er erübrigen konnte, auf seine Obsession, die Wirklichkeit auf seine Metallplatten speichern zu können. Irgendwann im Frühjahr 1835 begann sich der strahlende Himmel überraschend zuzuziehen, als Daguerre gerade wieder einmal mit einer seiner mehrstündigen Belichtungen begonnen hatte. Ohne Sonne lief gar nichts, das immerhin wusste Daguerre inzwischen, und so zog er die nur kurz belichtete Platte aus der Kamera heraus. Wie zu erwarten war, war nicht das Geringste darauf zu erkennen; um sie später erneut zu verwenden, legte er sie in den Laborschrank, in dem er auch seine Chemikalien aufbewahrte. Als er tags darauf den Schrank öffnete, traute er seinen Augen nicht. Auf der gestern noch leeren Platte war nun ein deutliches Bild zu erkennen – viel schärfer als alle seine bisherigen Aufnahmen und noch dazu positiv! Daguerre war klar, dass das Geheimnis des Verfahrens irgendwo im Holzschrank verborgen sein musste. Irgendeine der im Schrank aufbewahrten Chemikalien musste für die Entstehung des Bildes verantwortlich sein.

In tagelanger Kleinarbeit soll Daguerre der Ursache für das vermeintliche Wunder auf die Spur gekommen sein. Jeden Tag stellte er eine neue, nur kurz belichtete Platte in den Schrank, aus dem er zuvor eine der darin aufbewahrten Chemikalien entfernt hatte, und überprüfte, ob es immer noch zur wundersamen Bildentstehung kam. Als er sämtliche Chemikalien entfernt hatte und die Bilder nach wir vor entstanden, entdeckte er in den Ritzen des Regalbodens einige unscheinbare, metallisch glänzende Tropfen. Wie sich herausstellte, handelte es sich um Quecksilber – ob aus einem zerbrochenen Thermometer, wie manche Biografen berichten, oder einfach ausgelaufen aus einer Vorratsflasche, lässt sich nicht mehr rekonstruieren. Daguerre jedenfalls überprüfte experimentell, dass es tatsächlich das Quecksilber war, das die Bilder entstehen ließ. Er exponierte seine nur 20 bis 30 Minuten belichteten Platten über einer erhitzten Tasse Quecksilber; die aufsteigenden Dämpfe ließen das positive Bild entstehen.

Die „Daguerreotypie", wie Daguerre seine Erfindung ganz gegen die ursprüngliche Absprache mit seinem Kollegen Niepce nannte, war ein direktes, positives Foto. Es entstand dadurch, dass das einfallende Licht das Silberjodid auf der Platte fotochemisch in elementares Silber verwandelte, das sich mit dem Quecksilber zu einem hell strahlenden Amalgam verband. Leider konnte Daguerre seine Fotos noch nirgends herumzeigen. Setzte er sie weiter dem Licht aus, verwandelte sich auch das restliche Silberjodid auf der Platte zu Silber, die Umrisse des ursprünglichen Motivs waren vor diesem Hintergrund kaum zu erkennen. Es sollte zwei weitere Jahre dauern, bevor Daguerre eine Methode fand, seine Bilder zu fixieren, indem er das nach der Belichtung auf

Bild 4: Damenporträt, Daguerreotypie, um 1845

der Platte verbliebene Silberjodid mit einer Salzlösung auswusch, wodurch das bloße Kupfer der Platte zu Tage trat.

Die französische Akademie der Wissenschaften erkannte schnell die Bedeutung der neuen Erfindung – und ehrte sie mit einer üppigen Auszeichnung: Daguerre wurde eine jährliche Rente von 6000 Francs zugesprochen, und auch Niepces Sohn durfte sich über 4000 Francs jährlich freuen. Daguerres Lichtbilder wurden zum Renner in Europas Metropolen; wer etwas auf sich hielt, ging zum Daguerreotypisten, um geduldig vor den schwarzen Ablichtungsgeräten auszuharren. Der doch zumeist etwas angestrengt wirkende Blick der frühen Portraits zeugt von der doch immer noch minutenlangen Belichtung, die nötig war.

Auch bei Daguerre also mischte sich der Zufall keineswegs aus heiterem Himmel ein. Wie ein Besessener hatte der Forscher über viele Jahre an seiner Idee gearbeitet. Wie sehr sie ihn umtrieb, zeigt eine Anekdote, die noch zu seinen Lebzeiten die Runde machte. Nachdem der Pariser Chemiker Jean Baptiste Dumas im Jahre 1825 gerade eine Vorlesung beendet hatte, stellte sich ihm schüchtern eine junge Dame als Madame Daguerre vor. Ihr Gatte, damals noch als Maler bekannt, habe die fixe Idee, die Bilder einer Camera obscura fixieren zu können – sie fürchte um seinen Verstand, da er nachts kaum noch schlafe und tagsüber von nichts anderem mehr rede. Ob Monsieur Dumas, als erfahrener Chemiker, denn glaube, dass so etwas prinzipiell möglich sei – oder ob ihr Ehemann tatsächlich dem Wahnsinn nahe sei. Nein, es sei

Bild 5:   Urlaubs-„Schnappschuss" Mitte des 19. Jahrhunderts

beim derzeitigen Wissensstand nicht möglich, antwortete der Chemiker, allerdings heiße das nicht, dass es nie gelänge – und schon gar nicht sei jemand verrückt, der es versuche. Das Bemerkenswerte an dieser Geschichte ist, dass sie sich zwölf Jahre vor der tatsächlichen Entdeckung Daguerres zutrug. Über ein Jahrzehnt lang also, versuchte Daguerre alles, seine Idee Wirklichkeit werden zu lassen. Und dennoch war es dann ein nicht planbares Moment, das die richtige Tür öffnete.

Darüber hinaus ist die Entdeckungsgeschichte des Vorläufers unserer heutigen Fotografie auch ein schönes Beispiel dafür, dass die Zeit reif war für eine Erfindung – ein Phänomen, das sich in der Technikgeschichte häufig findet. Die nötigen „Zutaten" waren weit genug entwickelt – zum Beispiel die Camera obscura und ihre Anwendung in der Malerei oder die Chemie der Silbersalze – sie mussten „nur noch" zu etwas Neuem zusammengefügt werden. Kein Wunder, dass Daguerre kein einsamer Kämpfer war, sondern dass auch Niepce „nahe dran" war, die Fotografie zu erfinden. Und auch in England gab es eine fast zeitgleiche Entwicklung, die sogar letztendlich das Rennen machen sollte. Zwar hatte Daguerres Methode, die im Übrigen nicht lizenzrechtlich geschützt war, zunächst enormen Erfolg (seine „Gebrauchsanleitung" dafür erlebte in zwei Jahren 29 Auflagen und Übersetzungen); mit der weiten Verbreitung aber wurden auch die Nachteile der Daguerreotypie immer deutlicher. Die Herstellung der Bilder war teuer, und jeder „Schnappschuss" war eine einmalige

Bild 6: Holzkastenschiebekamera mit Objektiv Voigtländer und Sohn, Wien, Dresdner Werkstatt, um 1860

Sache. Die ersten Daguerreotypien waren damit Kunstwerken näher als heutigen Fotos. Der einzige Weg, zwei Kopien zu bekommen, bestand darin, zwei Kameras parallel zu betreiben. Das Abbildungsverfahren, das William Henry Fox Talbot beinahe zur gleichen Zeit in England entwickelte, hatte diesen Mangel nicht: Es lieferte zunächst ein Negativ, von dem sich beliebig viele seitenrichtige und positive Fotos auf Papier belichten ließen. Auch wenn Talbots „Kalotypien" zunächst weniger brilliant waren als Daguerres „Fotos", war es seine Methode, die den Siegeszug der Fotografie begründete.

17
Die Farbe Lila

William Perkin erfindet den ersten künstlichen Farbstoff

Der Erfinder des ersten künstlichen Farbstoffs, der die Bekleidungsindustrie verändern sollte, war weder Färber noch Modeschöpfer, sondern ein 18-jähriger Chemieassistent am renommierten Londoner Royal College of Chemistry. William Henry Perkin (1838–1907) war eigentlich auf der Suche nach einem Verfahren, mit dem sich das gegen Malaria wirksame Chinin synthetisch herstellen ließ. Diese Suche blieb leider völlig erfolglos; zufällig entdeckte er dabei aber ein Verfahren, mit dem sich ein synthetischer Farbstoff herstellen ließ. Perkins „Mauvein" gab den Startschuss für die Synthese vieler anderer synthetischer Farben und legte den Grundstock für einen neuen Zweig der industriellen Chemie.

Die Geschichte des ersten künstlichen Farbstoffs beginnt streng genommen vor etwa 150 Jahren in Indien. Den englischen Kolonialherren machte seinerzeit die Malaria das Leben zur Hölle. Niemand kannte die Ursache der Krankheit – irgendwie ahnte man, dass das „Wechselfieber" aus den Sümpfen kam; dass die eigentlichen Überträger der Krankheit aber die lästigen Mücken waren, ahnte man noch nicht. Ohne Kenntnis der Ursache aber gab es auch keine wirksamen Maßnahmen zur Bekämpfung der Malaria. Einzig Chinin schien wenigstens die schlimmsten Symptome der unerträglichen Fieberschübe zu lindern. Chinin aber war ein kostbares Gut. Es wurde aus der Rinde des aus Südamerika stammenden Chinona-Baums gewonnen und war knapp und teuer. Während in Indien selbst die Versorgung mit Chinin noch einigermaßen geregelt war, da die Holländer den Chinona-Baum in ihren ostindischen Kolonien anpflanzten, drohte in der englischen Heimat, wo die Krankheit durch die Indienheimkehrer zum Problem wurde, der Chininnotstand.

Zur gleichen Zeit, im Jahre 1855, schrieb sich der 18-jährige William Henry Perkin am Royal College of Chemistry in Londons berühmter Oxford Street als Student ein. Sein Lehrer war der hochangesehene deutsche Chemiker August Wilhelm von Hofmann, den Prinz Albert von England persönlich in Bonn als ersten Direktor des Chemie-College angeworben hatte. Hofmann galt als Experte in Sachen Steinkohlenteer – eine klebrig-zähe Substanz, die in großen Mengen als Nebenprodukt in den Kokereien und bei der Herstellung von Leuchtgas aus Steinkohle entstand. Der äußerlich höchst unansehnliche Stoff hatte den Chemikern schon einige Überraschungen preisgegeben. Salmiakgeist und Karbolsäure ließen sich daraus destillieren, was die Apotheker dankten, Ruß für die Druckereien wurde aus Steinkohlenteer hergestellt, und auch Anilin wurde darin gefunden. Letzteres weckte unter den Chemikern besonderen

Bild 1: William Henry Perkin (1838–1907)

Ehrgeiz. Anilin nämlich war eine Substanz, die erstmals aus dem sündhaft teuren Farbstoff Indigo gewonnen worden war („anil" ist der portugiesische Name der Indigopflanze). Und wenn diese Substanz sowohl in Indigo als auch im Steinkohlenteer enthalten war: Sollte es da nicht möglich sein, aus der unansehnlichen schwarzen Masse den teuren Farbstoff herzustellen? Tatsächlich sollte das gelingen – allerdings erst im Jahre 1897, also über 40 Jahre später. Auch dabei sollte übrigens der Zufall eine entscheidende Rolle spielen. Im Kapitel „Die Suche nach der blauen Farbe" ist davon die Rede.

Dennoch war es tatsächlich das Anilin, das aus der zuvor vor allem als reine Wissenschaft an den Universitäten betriebenen Chemie eine Großindustrie werden ließ. Und damit zurück zu den Bemühungen Professor Hofmanns und seines rothaarigen, sommersprossigen jungen Studenten am Londoner Chemie-College, denn Letzterer sollte die Initialzündung dazu liefern. August W. Hofmann, bekannt für seine kreative Findigkeit, schien es keineswegs abwegig, dass sich aus dem schwarzen Kokereiabfall ein künstliches Chinin herstellen lassen könnte. Schließlich lag Wöhlers Harnstoffsynthese, die als erste Umwandlung eines anorganischen in einen organischen Stoff in die Geschichte einging, nicht einmal dreißig Jahre zurück, und die Chemiker suchten in allen erdenklichen anorganischen Stoffen nach Molekülen aus dem Reich des Lebens. Und auch wenn Hofmann wie alle anderen Chemiker die Strukturformel von Chinin nicht kannte, schöpfte er auf Grund der bisher aus dem Teer isolierten Substanzen Hoffnung, einen Ersatz für das begehrte Malariamittel zu finden. Hofmann wusste auch, wen er damit befassen wollte: seinen jüngsten Schüler, den strebsamen William Perkin.

Der hatte sich in seinem Elternhaus im Londoner East End ein kleines Labor eingerichtet, in dem er an den Wochenenden und in den Ferien experimentieren konnte. Auch an den Ostertagen des Jahres 1856 ließ er sich kaum daraus hervorlocken. Er begann mit der aus Steinkohlenteer destillierten Substanz Toluidin, an die er mit den seinerzeit gängigen chemischen Verfahren Kohlenstoff- und Wasserstoffatome „anhängte", um auf die vom Chinin bekannte Anzahl von C- und H-Atomen zu kommen. Aus heutiger Sicht war das ein recht naives Unterfangen: Schließlich ist nicht nur die bloße Anzahl der Atome wichtig, sondern auch ihre genaue räumliche Anordnung. Erst viele Jahre später schlug August Kekulé ein Erklärungsmodell für die dreidimensionale Struktur organischer Moleküle vor, und die tatsächliche Strukturformel des Chinins sollte erst 1908 aufgeklärt werden. Die Synthese der begehrten Substanz gelang sogar erst 1944.

William Perkin jedenfalls war an jenem Osterwochenende des Jahres 1856 davon überzeugt, dass er nur wenige chemische Schritte vom ersehnten Produkt entfernt war. Auch als er bei allen Syntheseversuchen mit Toluidin immer nur bei einer schmierigen, rotbraunen Masse landete, ließ er sich nicht entmutigen und probierte es stattdessen mit Anilin (das, wie man später rekonstruierte, kleine Mengen Toluidin als Verunreinigung enthielt). Auch das Anilin „traktierte" er mit dem starken Oxidationsmittel Kaliumbichromat und dampfte das Ganze ein. Das Ergebnis war eine noch erheblich weniger ermutigende schwarze Masse; Chinin jedenfalls ähnelte sie nicht im Entferntesten. Erstaunlicherweise blieben seine Finger sauber, als er die Masse zwischen ihnen zerrieb – ein untrügliches Zeichen dafür, dass sie nicht wasserlöslich war. Als er die „Gegenprobe" machte und Alkohol darüber träufelte, traute er seinen Augen nicht. Im Reagenzglas leuchtete eine strahlend hellviolette Lösung.

Dass im Reagenzglas ein Farbumschlag stattfand, war zwar unerwartet, einem eifrigen Chemieschüler wie Perkin aber nicht fremd. Ob der junge Forscher daher sofort ahnte, dass das Produkt seiner österlichen Bemühungen die Welt der Chemie verändern sollte und er die erste synthetische Textilfarbe in Händen hielt, darf getrost bezweifelt werden. Vermutlich überwog im ersten Moment der Ärger darüber, dass sein Chininprojekt nun endgültig in der Sackgasse steckte. Der zündende Gedanke muss ihm allerdings wenig später gekommen sein. Ob er versehentlich etwas von der farbigen Flüssigkeit auf sein Hemd spritzte, ob beim Aufwischen ein verschütteter Rest der Flüssigkeit einen Putzlappen färbte oder ob Perkin gar ganz bewusst einen Färbeversuch unternahm – die Überlieferung variiert in dieser Frage je nach Fantasie des Biografen. Jedenfalls aber bemerkte er – bzw. seine wenig begeisterte Mutter beim Reinigen der Arbeitskleidung – dass sich die Farbe aus Textilien mit Seife nicht auswaschen ließ und dass sie auch in der Sonne nicht ausblich. Wovon also sein Mentor Hofmann geträumt hatte, war dem Schüler gelungen. Aus dem unansehnlichen Steinkohlenteer hatte er einen Farbstoff gewonnen – als Nebenprodukt bei der Suche nach einem Arzneimittel. Indigo, von dem Hofmann träumte, war es zwar nicht, aber das intensive Lila machte mindestens genauso viel her. „Anilin-Purpur" nannte Perkin seine Farbe zuerst, bevor er sie mitsamt ihres Herstellungsverfahrens unter dem Namen „Mauvein" zum Patent anmeldete – nach dem französischen Begriff für Malve.

Der 18-Jährige ahnte, dass seine Farbe die Welt verändern könnte. Vor Perkins Erfindung nämlich war farbige Kleidung regelrecht ein Kennzeichen adliger und klerikaler Stände, da für den Normalbürger unerschwinglich. Farbstoffe wurden ausnahmslos aus Pflanzen oder Insekten gewonnen: das teure Indigo aus den in Indien angebauten *Indigofera*-Pflanzen, leuchtendes Purpur lieferten die im Mittelmeer lebende Purpurschnecke *Purpura haemostoma* und einige ihrer Verwandten, Safran (das nicht nur den Kuchen, sondern auch Kleidung „gel" machte) gewann man aus Krokusarten, und die Wurzeln der im Elsass und Südfrankreich angebauten Färberröte *Rubia tinctorum* (Krapp) waren Ausgangsmaterial für „Türkischrot". Perkin witterte sofort die Chance, die astronomischen Preise der natürlichen Farbstoffe durch sein synthetisches Verfahren unterbieten zu können. Eine erste Probe seines Mauveins schickte er an die schottische Seidenfärberfirma „Pillars of Perth", von wo er begeisterte Rückmeldung bekam. Flugs begann der 18-Jährige gemeinsam mit seinem Bruder, sein „Kellerlabor" auszubauen, um größere Mengen des Farbstoffs herzustellen. Und bevor seine vielversprechende akademische Laufbahn richtig begonnen hatte, verabschiedete sich der junge Perkin vom Elfenbeinturm der akademischen Welt in seine Start-up-Firma – sehr zum Missfallen seines Mentors Hofmann, der große Stücke auf seinen strebsamen Schüler hielt.

Ob aus jugendlicher Naivität oder genialer Weitsicht: Perkin ließ sich nicht beirren und gründete mit finanzieller Unterstützung seines Vaters, der das gesamte Familienvermögen in die Vision seines Sohnes steckte, die „Mauveine Factory Perkin & Company" im Londoner Vorort Greenford. Perkin wurde damit zum Vorreiter eines heute immer wieder geforderten „Spin-off" aus der Forschung in die Industrie, einer schnellen Umsetzung wissenschaftlicher Ergebnisse in anwendbare Produkte. Und wenn heute Universitäten stolz auf die Ausgründung von Firmen verweisen, wissen sie selten, dass Perkins Mauveinfabrik das wohl früheste Beispiel dafür war. Dass Perkin mit seiner Firma nicht einfach nur ein Unternehmen, sondern einen völlig neuen Industriezweig begründete, macht seinen Schritt noch bemerkenswerter.

Die Geschäfte Perkins explodierten allerdings keineswegs sofort. Zusammen mit seinem Bruder hatte er mit all den Problemen zu kämpfen, die auch heutige *Start-ups* plagen. Zunächst einmal musste die Technologie aus dem Reagenzglas auf industriellen Maßstab gebracht werden – was nicht ohne Schwierigkeiten abging. Nachdem es dabei sogar zu Explosionen gekommen war, bewachten Arbeiter mit Wasserschläuchen die kochenden Kessel, um sofort für Kühlung zu sorgen, wenn die Temperatur zu sehr stieg – die manuelle Version eines Thermostaten. Als die technischen Schwierigkeiten gegen Ende des Jahres 1857 ausgeräumt waren, mussten noch die Färber überzeugt werden, den neuen Farbstoff auch einzusetzen. Sie begrüßten zwar enthusiastisch die Eigenschaften von Mauvein: Lichtbeständigkeit, Intensität, Färbekraft; ein einziges Kilo Mauvein konnte 200 Kilo Baumwolle färben – von einer solchen Ergiebigkeit waren die natürlichen Farbstoffe weit entfernt. Die Probleme aber lagen im Marketing, wie man heute sagen würde. Der Farbton nämlich war in der Textilherstellung völlig neu. Würde der Markt ihn akzeptieren? Modefarben wurden seinerzeit nicht von gefeierten Designern „gesetzt"; die Färber nutzten die Farben, die sie gerade in größeren Mengen verfügbar hatten. Zudem mussten sie sich von ihrer lieb gewordenen Technik trennen und neue Verfahren zur Färbung mit Mauvein entwickeln. Während Seide quasi von selbst das intensive

Lila annahm, musste Baumwolle erst vorbehandelt werden. Aber immerhin ließ Letztere sich nun endlich überhaupt färben. Mit Naturfarbstoffen nämlich funktionierte das nur bei Wolle, Leinen und Seide. Die Perkins wurden zu Handlungsreisenden in eigener Sache und gingen bei den Färbern „Klinken putzen". Letztlich waren es zwei Damen, die dem Mauvein zum Durchbruch verhalfen. Queen Victoria persönlich erschien zum Geburtstag ihrer Tochter 1862 in einem mit Perkins Mauvein gefärbten Kleid. Die Klatschpresse hatte ihr Thema. „Kleid und Schleppe Ihrer Majestät waren aus mauvefarbenem Samt", berichtete die *„Illustrated London News"*; und da kaum jemand die neue Farbe kannte, folgte die Präzisierung: „Mauve ist eine exquisite Spielart des Lila." Und als auch Kaiserin Eugénie von Frankreich, modebewusste Gattin Napoleons des Dritten, Gewänder in der neuen Farbe orderte, weil sie der Ansicht war, Mauve harmoniere gut mit ihren Augen, war der Durchbruch geschafft.

Die adligen Damen wurden so zu Trendsetterinnen einer neuen Modefarbe. Der damalige letzte Schrei bei der Damenoberbekleidung tat ein Übriges, dass die Farbe sich schnell in ganz Europa verbreitete. Ende der 60er-Jahre des 19. Jahrhunderts bestimmte die Krinoline, der viktorianische Reifrock, die Mode. Kleider bestanden aus wahren Zeltbahnen an Stoff. Bis zu zehn Unterröcke, darüber zwei bis drei Überröcke, waren für die Damen der feinen Gesellschaft angesagt, und zur Einfärbung griffen die Färber dankbar auf die zwar nicht unbegrenzt, aber in von den Naturfarbstoffen nie gekannten Mengen zur Verfügung stehenden Farben aus dem Hause Perkin & Co zurück. Und da sich durch Perkins Technik die Herstellung derart verbilligte, dass auch Mittelklasse-Damen bunt gewandet promenieren konnten, gab es eine Art „positive Rückkopplung" für die neue Farbenindustrie.

Die Anwendung der Farben blieb schnell keineswegs auf Textilien beschränkt. Die englischen Half-Penny, Penny- und Sixpence-Briefmarken etwa wurden mit Perkins Farbton eingefärbt. 1882 benutzte der deutsche Biologe Walther Flemming die Farben Perkins, um Körperzellen anzufärben und unter dem Mikroskop zu untersuchen. Aufgrund der Färbung ließen sich erstmals der Aufbau des Zellkerns und sogar der in ihm enthaltenden „Chromosomen" (von griech. Chromos: Farbe) untersuchen. Dem Berliner Chemiker Robert Koch sollte eine Anilinfarbe sogar den Nobelpreis einbringen. Ihm gelang es, im Auswurf von Tuberkulosekranken mittels Methylenblau die winzigen, stäbchenförmigen Tuberkelbazillen nachzuweisen. Darüber hinaus erwies sich eben dieses Methylenblau selbst als antiseptisch wirksam (nebenbei bemerkt, geschah auch dies mehr oder weniger zufällig, legte aber den Grundstein dafür, dass die großen Farbwerke auch Heilmittel in ihr Programm aufnehmen – und letztlich zu Pharmakonzernen wurden). Und die wenigsten der heutigen Genforscher dürften wissen, dass sich Perkin auch in dem Farbstoff in Erinnerung bringt, der die „berühmten" Gen-Banden in ihren Gels nach elektrophoretischer Trennung färbt. Die Farbe Lila stand vor einer außergewöhnlichen Karriere. Der britische Autor Simon Garfield hat ihren Weg in seinem Buch „Lila" kürzlich detailliert nachgezeichnet.

Dass seine Farbe das Zeug dazu hatte, die Welt im Sturm zu erobern, bekam schon Perkin zu seinen Lebzeiten mit. Aber auch die Konkurrenz schlief nicht. Überall in Europa begann die intensive Suche nach weiteren Anilinfarbstoffen, Farbstofffabriken schossen aus dem Boden: die Farbenhandlung Bayer in Wuppertal (1863), die Farbwerke Meister Lucius & Brüning in Hoechst (1863), die Badische Anilin- und Sodafabrik in Ludwigshafen (1865) oder die Aktiengesellschaft für Anilin-Fabrikation (Agfa) in Berlin (1872). Für die Kohle- und Gasunternehmen war dies eine höchst willkommene Entwicklung. Endlich hatte man eine Verwendung für die großen Mengen Teer, die vor allem bei der Erzeugung von Leuchtgas anfielen. Außer für die Imprägnierung von Eisenbahnschwellen und das Abdichten von Schiffsplanken fand das Abfallprodukt bis dato kaum Verwendung; große Mengen wurden daher vergraben oder im Meer versenkt. Die nun allerorten entstehenden Farbenfabriken waren dankbare Abnehmer für die Derivate des Teers. In für damalige Verhältnisse gigantischen Destillationsanlagen entwässerte man die schwarze, klebrige Masse zunächst, erhitzte sie und nutzte dabei die unterschiedlichen Siedepunkte seiner Bestandteile aus, um sie voneinander zu trennen. Die so erhaltenen Öle wurden zu Basismaterialien für die Farbenproduktion.

Wie bei vielen Start-up-Unternehmen heute auch, musste Perkin nach erfolgreichem Beginn aufpassen, den Anschluss nicht zu verpassen und seine ursprüngliche Geschäftsidee weiterentwickeln. Der Mauvein-Boom nämlich hielt nur wenige Jahre an (für eine heutige „Modefarbe" allerdings eine wahre Ewigkeit). Perkin selbst hatte mit „Perkin Grün" und einem tiefen Violett schnell weitere Eisen im Feuer, und auch die Alizarinsynthese gelang ihm 1869 – als Ersatz für das Rot der Färberröte (auch wenn er mit dieser Synthese in einen Patentstreit mit der Badischen Anilin und Soda-Fabrik geriet, die die Patente der deutschen Chemiker Carl Graebe und Carl Liebermann für die Alizarinsynthese hielt). Welche Farben Perkin & Co gerade produzierte, ließ sich an der Färbung des Grand Union Kanals ablesen, an dessen Ufern die Fabrik lag, so wird überliefert.

Bald verließen nicht nur Farben das Fabrikgelände. Aus den Derivaten des Teers nämlich ließen sich auch andere Stoffe gewinnen – schließlich war die Entdeckung von Mauvein ja gerade der überraschende Nebeneffekt bei dem Versuch, aus dem Anilin des Teers Chinin herzustellen. So gelang Perkin bald die Synthese von Kumarin – dem ersten künstlich hergestellten Parfum, das einen Duft von frisch gemähtem Gras gehabt haben soll. Verwendung fand es allerdings nicht so sehr hinter den Ohrläppchen vornehmer Damen, sondern als Duftstoff in Seifen und Waschmitteln. Perkins Geschäfte florierten, und der Inhaber wurde zu einem der höchst dekorierten Wissenschaftler seiner Zeit. Ironie der Geschichte, dass der Studienabbrecher bald Vorträge vor der Königlich-Chemischen Gesellschaft hielt und 1883 sogar deren Präsident wurde. Im Laufe seines Lebens wurden ihm nicht weniger als acht Ehrendoktortitel verliehen, und auch der Ritterschlag ließ nicht lange auf sich warten. Sechzehn Jahre nach Gründung seiner Fabrik, mit nur 36 Jahren, gönnte sich Perkin den Luxus, sein Unternehmen zu verkaufen und sich auf seinen Landsitz zurückzuziehen, wo er sich weiter der chemischen Grundlagenforschung widmete – etwa dem magnetischen Drehverhalten chemischer Verbindungen. Seine Firma ging über mehrere Zwischenstufen im britischen I. C. I.-Konzern auf, aus dem wiederum das heutige Chemieunternehmen Zeneca hervorging. William H. Perkin starb im Jahre 1907, 51 Jahre nach seiner Entdeckung, als wohlhabender Mann auf seinem Landsitz im heutigen Londoner Stadtteil Sudbury. Die Synthese von Chinin übrigens, die ja der Ausgangspunkt der Bemühungen des jungen Perkins war, gelang erst 1944 – und erwies sich als mehr oder weniger wertlos für die Bekämpfung von Malaria. Sie wurde nie in industriellem Maßstab durchgeführt.

18
Die Suche nach der blauen Farbe

Der verschlungene Weg zum künstlichen Indigo

William Perkin hatte mit seiner Mauveinsynthese den Start-schuss für einen neuen Industriezweig gegeben und Farbe in den Alltag gebracht. In der Folge wurden viele Tausend ver-schiedene Farbstoffe synthetisiert. Nur mit dem beliebten Indigoblau wollte das nicht gelingen. Alle Bemühungen, ein wirtschaftliches Verfahren zur Synthese des Farbstoffs zu ent-wickeln, blieben erfolglos. Nachdem die Chemiekonzerne viele Millionen vergebens investiert hatten, sollte ein zerbrochenes Thermometer die Spur zum Erfolg weisen.

Es ist schon ein ironischer Zug der Geschichte. Da wurde bereits relativ früh Anilin als Grundstoff des teuren Indigofarbstoffs entdeckt und gar nach ihm benannt (Anil = portugiesisch für Indigo); gleichzeitig ließ sich dieses Anilin aus Steinkohlenteer destillieren, wodurch es zum Ausgangsstoff vieler Produkte der Großchemie wurde. Natürlich lag da die Hoffnung nahe, Indigo aus dem unansehnlichen Teer herstellen zu können. Schon August Wilhelm von Hof-mann, Mentor des Mauveinentdeckers William Perkin, hatte sich daran ver-sucht, und sämtliche im „Windschatten" Perkins entstandenen Farbenhersteller bemühten sich ebenfalls darum. Auch die schnell zu enormer wirtschaftlicher Stärke heranwachsenden deutschen Unternehmen BASF und Meister Lucius

& Brüning, die späteren Farbwerke Hoechst, versuchten sich daran. Dennoch sollte es fast ein halbes Jahrhundert nach der ersten Anilinsynthese aus Steinkohlenteer dauern, bis sich die begehrte blaue Farbe tatsächlich synthetisch herstellen ließ.

Die Ursache dieses Eifers der aufstrebenden Chemiekonzerne lag auf der Hand: Ein riesiger Markt mit enormen Gewinnen winkte. 1880 betrug die Weltproduktion an natürlichem Indigofarbstoff 5000 Tonnen, mit einem Handelswert von 100 Millionen Reichsmark. Indigoblau war die Farbe von Uniformen und Arbeitskleidung. Der „Blaumann" stand schon früh in aller Welt für harte Arbeit, ob beim Fuhrmann in der Mark Brandenburg oder beim chinesischen Bauern; und auch ein gewisser Levi Strauss färbte seit 1850 die vor allem unter kalifornischen Goldgräbern geschätzten robusten baumwollenen Arbeitshosen mit natürlichem Indigo. Während viele andere pflanzliche Farbstoffe inzwischen künstlichen Ersatz gefunden hatten, musste Indigo nach wie vor mühsam in Indien aus Pflanzen der Art *Indigofera* hergestellt und über die Weltmeere transportiert werden.

Allein schon die Farbstoffgewinnung war extrem aufwändig. In den Indigopflanzen nämlich findet sich nirgends ein blauer Farbstoff. Alle Teile der bis zu 1,50 Meter hohen Pflanze und vor allem die Blätter enthalten nur eine Vorstufe des Indigos, die Zuckerverbindung Indican. Die musste erst vergoren werden. Dazu legte man die Pflanzenteile in große, flache Wasserbecken. Hier-

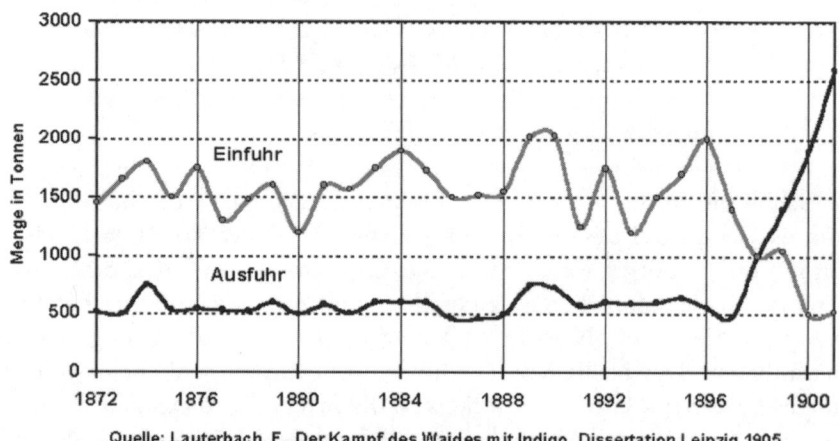

Bild 1: Der Beginn der Indigo-Produktion bei BASF ließ 1897 die Einfuhr natürlichen Indigos zusammenbrechen

bei wandelte sich das Indican in Indoxyl und Traubenzucker um. Nach ca. 15 Stunden wurde die nun gelbe Flüssigkeit in ein weiteres Becken gelassen, in das durch ständiges Schlagen oder, ein wenig großtechnischer, mit Hilfe von Schaufelrädern Luft eingebracht wurde. Der Sauerstoff oxidierte das wasserlösliche, gelbe Indoxyl zu blauem, nicht mehr wasserlöslichem Indigo, der sich am Boden absetzte. Getrocknet und zu Blöcken verarbeitet, kam er in den Handel. Auch aus dem lange Zeit in Deutschland angebauten Färberwaid *Isatis tinctoria* ließ sich der begehrte Farbstoff gewinnen; da die Pflanzen allerdings in weit niedrigerer Konzentration als die Indigofera-Arten den Ausgangsstoff Indican enthielten, war die Gewinnung noch aufwändiger und kam mit dem aufkommenden Handel mit Indien schon im 17. Jahrhundert fast ganz zum Erliegen.

Den Umsatz, der mit dem exotischen Farbstoff gemacht wurde, hätten die aufblühenden Farbwerke gern unter sich aufgeteilt. Sie wussten, dass nur die Firma, die zuerst mit einem neuen Farbstoff auf den Markt kam, richtig Geld verdienen konnte, und dies auch nur für relativ kurze Zeit. Vorreiter William Perkin mit seiner Mauvein Factory und wenig später BASF mit dem roten Farbstoff Alizarin hatten dies schmerzhaft spüren müssen. Kurz nach der Markteinführung rückten erfahrungsgemäß viele Produzenten nach, die unter leichten Verfahrensänderungen die Patente umgingen oder schlicht ignorierten. Überproduktion und Preisverfall waren bald die Folge, mit dem Geldverdienen war es schneller vorbei, als es den Inhabern lieb war. Die Firmen waren daher gezwungen, immer neue Farbstoffe auf den Markt zu werfen (die übrigens längst nicht mehr bloße Imitationen natürlicher Farbstoffe waren). So entwickelte etwa die Wuppertaler Bayer AG allein im Jahre 1896 nicht weniger als 2378 verschiedene Farbstoffe, von denen allerdings nur 37 tatsächlich auf den Markt kamen – der Rest genügte den hohen Anforderungen nicht, die die Färber inzwischen an die Produkte der chemischen Industrie stellten.

Um die erste Indigosynthese bzw. deren großtechnische Umsetzung entbrannte daher ein regelrechter Wettlauf. Die Farbunternehmen wussten, dass sie es aus eigener Kraft kaum schaffen würden und suchten daher früh nach Forschungspartnern an den Universitäten. Die beiden großen deutschen Firmen BASF und Hoechst hatten dabei ein Auge auf einen jungen Chemiker an der Berliner Gewerbeakademie geworfen. Adolph von Baeyer (1835–1917), Schüler Bunsens und Kekulés, machte durch eine Fülle von Veröffentlichungen und einen unbändigen Experimentiergeist auf sich aufmerksam. Seit früher Jugend hatte ihn das Blau des Indigos fasziniert, und ab 1865 konnte er in seinem eigenen Labor an der Aufklärung der Struktur des Farbstoffes forschen. Immer näher arbeitete er sich an den Aufbau heran, bis er 1870 die chemischen Bausteine kannte (was ihm 1905 den Nobelpreis für Chemie einbringen sollte). Das geschah keineswegs nur mit dem Hintergedanken, einen Weg zur künstlichen Produktion des Farbstoffs zu finden, wie ihn die Chemieunternehmen im Sinn führten. Das im Indigo gefundene Anilin erwies sich mehr und mehr als Schlüsselsubstanz der organischen Chemie. Viele andere organische Substanzen wie Indol, Isatin oder Anthranilsäure waren erstmals aus der indischen Pflanze isoliert worden – ein wahrer Baukasten für die chemische Industrie. Dabei ließ sich Adolph von Baeyer stets von reiner Forscherneugierde leiten. „Meine Experimente habe ich nie so angelegt, dass mir die Ergebnisse zeigen sollten, ob ich recht hatte mit meinen Hypothesen", zitiert ihn die Laudatio zur Verleihung des Nobelpreises, „ich wollte einfach wissen, wie sich die Stoffe verhalten." Vorgefasste Meinungen waren Baeyers Ding nicht, noch in hohem Alter, so wird berichtet, sei der Chemiker geistig extrem flexibel und offen für

Bild 2:   Adolf von Baeyer (1835–1917)

Bild 3: Beinahe eine Lizenz zum Gelddrucken: BASF-Patenturkunde zur Herstellung künstlichen Indigos

neue Entwicklungen geblieben. Bis von Baeyer nicht nur die Analyse, sondern auch die Synthese von Indigo gelang, sollten allerdings noch zehn weitere Jahre vergehen – ein Zeichen dafür, dass darin nicht sein vorrangiges Interesse bestand. Zudem sorgte seine Hochschulkarriere für forschungsabträgliche Unruhe. 1871 wurde er an die frisch gegründete Universität Straßburg berufen, von dort wechselte er zwei Jahre später als Nachfolger Justus von Liebigs auf den Chemielehrstuhl in München. Erst hier fand er wieder die nötige Ruhe, sich seiner alten Passion zuzuwenden, und so dauerte es bis 1880, ehe ihm die Synthese des blauen Farbstoffes gelang und er sie zum Patent anmelden konnte.

BASF und Hoechst hatten die „Waffen" im Wettkampf um die Indigoproduktion inzwischen gestrichen und machten gemeinsame Sache – ein frühes *Joint Venture* in der deutschen Chemielandschaft. Gemeinsam übernahmen sie das Patent von Baeyers, versicherten sich seiner intellektuellen Mitarbeit und träumten vom reichen Umsatz, den ihnen das künstliche Indigo bescheren würde. Leider träumten sie viel zu früh. Zwar funktionierte die Synthese nach Baeyer hervorragend, und sie hätte sich theoretisch durchaus auch großtechnisch umsetzen lassen. Die Ausgangsstoffe aber – verschiedene so genannte Ortho-Verbindungen mit für Nicht-Chemiker so furchterregenden Namen wie ortho-Nitrobenzaldehyd oder ortho-Nitrozimtsäure sowie Toluol – waren in der Gewinnung viel zu teuer, als dass man das natürliche Indigo im Preis mit dem synthetischen Produkt hätte schlagen können.

Was in den nächsten 17 Jahren folgen sollte, war bis dahin ohne Beispiel in der Industriegeschichte. Hunderte von Chemikern arbeiteten bei BASF und Hoechst mit einem Millionenetat daran, einen bezahlbaren Weg zur Herstellung von Indigo zu finden. Im Laufe der Jahre blieb der von Baeyer ursprünglich vorgeschlagene Syntheseweg nicht der einzige. Der Münchner Chemiker selbst schlug verschiedene andere Wege vor, sein Zürcher Kollege Karl Heumann steuerte weitere Verfahren bei. Für die Chemieunternehmen war der *„point of no return"* Anfang der 1890er-Jahre längst überschritten, viele Millionen waren investiert. Die Geschäftsleitungen griffen daher nach jedem Stroh-

BADISCHE ANILIN-& SODA-FABRIK, LUDWIGSHAFEN ⅍ RHEIN.

Bild 4:   Gesamtansicht der BASF von 1901

halm, um die Indigosynthese doch noch zur Erfolgsstory werden zu lassen. Bei BASF probierte man es mit einem der von Heumann vorgeschlagenen Verfahren. Es startete mit der Umwandlung von Naphthalin zu Phthalsäure. Ersteres stand in rauen Mengen zur Verfügung – so weit, so gut. Die Oxidation zu Phthalsäure aber erforderte sündhaft teure Salpetersäure – ein billiges Verfahren zur Indigosynthese rückte damit wieder in weite Ferne. Die Wissenschaftler in den Ludwigshafener Labors setzten daher ihre ganze Energie daran, die Umwandlung kostengünstiger zu Stande zu bringen. Dem BASF-Mitarbeiter Eugen Sapper (1858–1912) gelang es, die Oxidation mittels rauchender Schwefelsäure (Oleum) durchzuführen; die stand im eigenen Hause als Abfallprodukt anderer Reaktionen zur Verfügung. Leider aber war die Ausbeute viel zu gering: Nur ganze 15 Prozent des eingesetzten Naphthalins wandelten sich zur gewünschten Phthalsäure – zu unwirtschaftlich. Sapper und seine Kollegen setzten auf Katalysatoren: Schließlich wussten sie, dass der richtige Katalysator Reaktionen enorm beschleunigen konnte. In den nächsten Monaten gaben sie daher alle erdenklichen Stoffe in die Reaktionsgefäße, in denen Oleum und Naphthalin köchelten – ohne Erfolg.

Eines Tages – und hier gab der Zufall der Geschichte die entscheidende Wendung – fiel Sapper auf, dass die Ausbeute in einem Reaktionsgefäß eigentümlicherweise sprunghaft auf 46 Prozent angestiegen war – immerhin eine Verdreifachung der gewohnten Werte. Bei der näheren Untersuchung fanden sich in dem betreffenden Kessel die von der Säure zerfressenen Reste einer eisernen Thermometerhülse. Wieder einmal also ein Thermometer. Schon Louis Daguerre hatte bei der Entwicklung der Fotografie von einem zerbrochenen Thermometer profitiert – vielleicht beschäftigt sich irgendwann einmal eine Studienarbeit mit der Rolle zerbrochener Thermometer in der Forschung. Auch ohne Kenntnis der Wissenschaftsgeschichte jedenfalls dürfte für Sapper der Fall schnell klar gewesen sein: Ein Assistent hatte eines der Thermometer, mit denen routinemäßig die Reaktionstemperaturen in den Kesseln überwacht wurden, zerbrochen und es nicht für nötig befunden, das Missgeschick zu melden. Das Quecksilber hatte die Reaktion irgendwie zum Positiven beeinflusst. Ein umgehend durchgeführter Kontrollversuch, bei dem Quecksilber absichtlich zugegeben wurde, bestätigte Sappers Vermutung. Wie sich nach eingehenden Analysen herausstellte, verwandelte die rauchende Schwefelsäure das Quecksilber in Quecksilbersulfat, und das wirkte als Katalysator auf die Umsetzung von Naphthalin zu Phthalsäure. Durch planmäßiges Vorgehen wären die BASF-Chemiker kaum auf die Idee gekommen, ausgerechnet Quecksilbersulfat als Katalysator zuzusetzen.

Auch wenn noch viele Detailfragen bei der großtechnischen Herstellung von Indigo zu klären waren, war der Durchbruch geschafft. Der begehrte blaue

Bild 5:   Die Farbe Blau, rein BASF: historisches Farbstoffetikett

Bild 6:   Indigofabrik um 1900

Farbstoff ließ sich endlich auf wirtschaftliche Weise herstellen. BASF hatte das Rennen gewonnen. 1897 begannen die Ludwigshafener mit dem Verkauf des ersten „Indigo rein BASF". Innerhalb weniger Monate wurde Deutschland vom Indigo-Import- zum führenden Indigo-Export-Land, der Markt für natürlichen Indigo brach zusammen. 1914 hatte der Naturstoff nur noch einen Marktanteil von vier Prozent. Zur Jahrhundertwende zog die BASF-Firmenleitung Bilanz. Insgesamt 18 Millionen Mark hatte das Unternehmen bis zum Produktionsstart in die Indigosynthese gesteckt – eine für damalige Verhältnisse gigantische Summe. Und doch musste trotz aller finanzieller und personeller Ressourcen letztlich ein zerbrochenes Thermometer den Weg weisen. Innerhalb der nächsten Jahre dürften sich die Forschungsinvestitionen jedoch mehr als eingespielt haben; denn erst 1901 kam der ehemalige Mitstreiter Hoechst mit einem nach einem anderen Verfahren hergestellten Indigo auf den Markt. Und während die meisten anderen der frühen synthetischen Farbstoffe irgendwann wieder vom Markt verschwanden, wird Indigo noch heute gebraucht. Verantwortlich dafür sind nicht zuletzt die Goldgräber-Arbeitshosen des Levi Strauss. Während Schnitt und Form von Jeans sich stets der Mode anpassten, hat das typische Indigoblau das Auf und Ab der Moden überstanden.

19
Von der Unterhaltungsshow in den Operationssaal

Lachgas als Anästhetikum – eine Entdeckung mit vielen Vätern

Zu Beginn des 19. Jahrhunderts wussten die Anatomen schon viel über den menschlichen Körper und seine Krankheiten. Chirurgische Eingriffe jedoch waren mangels wirksamer Narkotika nur in äußersten Ausnahmefällen möglich – und endeten allein schon wegen der Schmerzen oft tödlich. In den 1840er-Jahren aber wurden dann beinahe gleichzeitig von drei Ärzten wirksame Narkotika entdeckt. Für die Wissenschaftssoziologie sind die Anfänge der Anästhesie ein exemplarisches Beispiel dafür, dass die Zeit „reif" für eine Entdeckung war, dass sie sozusagen in der Luft lag. Dabei handelte es sich um eine Entdeckung mit mehreren Anläufen. Schon Jahrzehnte vor dem endgültigen Durchbruch der Narkotika haben einzelne Ärzte nachweislich Lachgas und Ether zur Betäubung eingesetzt und dies sogar veröffentlicht, ohne dass dies weiter beachtet worden wäre. Damit Millionen von Menschen unerträgliche Schmerzen erspart blieben, musste erst ein Zahnarzt eine studentische Unterhaltungsshow besuchen.

Ein drohender chirurgischer Eingriff war für viele Patienten vor 200 Jahren kaum weniger schlimm als ein Todesurteil: Berichte von Selbstmorden nach der Diagnose „OP" waren keine Seltenheit, und wer die Prozedur überstanden hatte, litt häufig ein Leben lang unter dem Trauma. Jahrhundertelang hatten sich Ärzte und Heiler zwar verschiedener pflanzlicher oder auch psychischer Mittel wie Hypnose bedient, um Schmerzen zu lindern; der infernalische Schmerz eines chirurgischen Eingriffs aber ließ sich allenfalls mit Opium und Alkohol ein klein wenig dämpfen. Beides aber hatte in hoher Dosierung schwerste Nebenwirkungen bis hin zum Tod. Schon die Entfernung eines eiternden Backenzahns verursachte so Höllenqualen, und die Berichte anderer Eingriffe gleichen Horrorszenarien. In aller Regel handelte es sich um Amputationen oder die Entfernung oberflächlicher Tumoren – tiefer konnten sich die Ärzte kaum in den menschlichen Körper wagen.

Nicht Sorgfalt und Genauigkeit zeichneten dabei einen guten Chirurgen vor 200 Jahren aus, sondern Kraft und Schnelligkeit. Vier bis zehn starke Männer waren nötig, um den mit Opium oder Alkohol benebelten Patienten festzuhalten, wenn der Chirurg sein Skalpell ansetzte. Dann musste alles sehr schnell gehen, damit der Patient nicht an einem durch die Schmerzen verursachten Schock starb. Auch zum sorgsamen Vernähen der Wunden blieb keine Zeit; zur Blutstillung wurden glühende Eisen eingesetzt. 35 Sekunden, so heißt es in einem englischen OP-Bericht, dauerte die komplette Amputation eines Beins an der Hüfte. In der Eile entfernte der Chirurg dabei versehentlich auch einen Hoden des Patienten. Noch eindringlicher liest sich die Schilderung des Eingriffes bei einem jungen Mann, dem ein Tumor an der Zungenspitze entfernt wurde und der sich, rasend vor Schmerz, den Helfern entriss. Sie mussten ihn förmlich durchs halbe Gebäude jagen, um die Wunde mit dem glühenden Eisen zu „kautern" – was ihm neben der Zunge auch die Unterlippe verbrannte.

Was nur wenige Ärzte Mitte des 19. Jahrhunderts wussten: Ein Mittel gegen unerträgliche Operationsschmerzen war längst entdeckt. Jeder Chemiker oder Apotheker hätte die Ärzte mit Ether oder Lachgas versorgen können, die beide das Potenzial hatten, den Patienten seine Schmerzen nicht spüren zu lassen. Ether wurde bereits 1640 von Valerius Cordus erstmals synthetisiert, und Lachgas – chemisch Distickstoffoxid, N_2O – wurde von Joseph Priestley schon 1772 beschrieben (zwei Jahre übrigens, bevor er den Sauerstoff entdeckte). Noch im gleichen Jahrhundert, im Jahre 1799, führte der 20-jährige Assistent Humphrey Davy im „Pneumatischen Institut" in Bristol umfangreiche Inhalationsversuche mit Lachgas durch und veröffentlichte die Ergebnisse in einer umfangreichen Monografie. Dabei stellte er fest, dass tiefes Inhalieren von Lachgas zu Bewusstlosigkeit führte; und auch schon auf dem Weg dorthin bemerkte er eine betäubende Wirkung. Das Gas sei „in der Lage, physische Schmerzen auszuschalten und kann daher wahrscheinlich mit Gewinn bei chirurgischen Eingriffen angewendet werden". Erstaunlicherweise wurde dieser Hinweis nicht weiter beachtet, ebenso wenig wie die Versuche, die ein Schüler Davys, ein gewisser Michael Faraday, der später auf ganz anderem Gebiet zur Berühmtheit gelangen sollte, 1818 zur betäubenden Wirkung von Ether durchführte.

Stattdessen machte Lachgas in den ersten Jahrzehnten des 19. Jahrhunderts eine andere Karriere, die ihm auch seinen Namen gab. Öffentliche Veranstaltungen mit Lachgasinhalation waren vor allem in Studentenkreisen beliebt. „Jeder, der das Gas inhaliert, wird entweder lachen, singen, tanzen, reden oder kämpfen – ganz nach dem hervortretenden Zug seines Charakters", hieß es auf einem Werbeplakat zu einer solchen Veranstaltung, und tatsächlich schien der Effekt umwerfend. „Einige sprangen über Tische und Stühle, andere hielten spontane Reden, wieder andere ließen sich zu Händel hinreißen; und ein junger Gentleman versuchte ausdauernd, die Damen zu küssen", heißt es plastisch in einem Augenzeugenbericht. Wo es so hoch herging, blieben natürlich kleinere und auch größere Verletzungen nicht aus.

Dies war auch bei der Veranstaltung im Dezember 1844 nicht anders, die der junge Zahnarzt Horace Wells in Hartford, US-Bundesstaat Connecticut, gemeinsam mit seiner Frau und seinem Freund Sam Cooley besuchte. Wie

Bild 1:   Lachgas als Therapie gegen schimpfende Ehefrauen (zeitgenössische Karikatur)

Bild 2:   Horace Wells (1815–1848)

üblich, gab es auf der Bühne bei den „Probanden" ein allgemeines Durcheinander. Cooley, der ebenfalls zu den Akteuren gehörte, verletzte sich dabei am Bein; auf seinen Platz im Publikum zurückgekehrt, bemerkten seine Begleiter das Blut, das ihm förmlich aus der Hose rann. Der Freund des Ehepaars Wells hatte sich eine tiefe Fleischwunde zugezogen, es aber überhaupt nicht bemerkt. Erst als die Wirkung des Gases nachließ, spürte er den Schmerz.

Horace Wells war fasziniert. Als Zahnarzt musste er täglich seinen Patienten schier unerträgliche Schmerzen zufügen; das Lachgas schien das Potenzial zu haben, dieses Leid zu vermeiden. Da er selbst seit einiger Zeit unter Zahnschmerzen litt und ihm eigener wie kollegialer Sachverstand bescheinigten, dass einer seiner Backenzähne nicht mehr zu retten war, wagte er einen Selbstversuch. Am 11. Dezember 1844 ließ er sich von einem befreundeten Zahnarzt den Quälgeist aus dem Kiefer reißen – nachdem er zuvor bis fast zur Besinnungslosigkeit Lachgas inhaliert hatte. „Das tut nicht mehr weh als ein Nadelstich", soll Wells ausgerufen haben, als er wieder ganz bei Sinnen war – und er ahnte, dass ein neues Zeitalter der Zahnmedizin bevorstehen könnte.

Nachdem Wells das Verfahren bei mehreren seiner Patienten erfolgreich angewandt hatte, wandte er sich enthusiastisch an das angesehene Massachusetts General Hospital im nahe gelegenen Boston mit der Bitte um die Gelegenheit zu einer öffentlichen Präsentation. Der dortige Chefchirurg John Warren stimmte zu, und ein zahnleidender Freiwilliger war schnell gefunden. Die Vorführung vor dem mit Studenten der Harvard Medical School überfüllten Auditorium geriet zu einem Desaster für Wells. Kaum hatte der Dentist die Zange angesetzt, begann der Patient zu schreien. „Leider war der Gasbeutel viel zu früh von seinem Gesicht genommen worden", berichtete Wells später, „der Patient war nur teilweise unter dem Einfluss des Gases, als der Zahn gezogen wurde. Er berichtete, ein wenig Schmerz empfunden zu haben, aber nicht soviel wie normalerweise bei einer solchen Operation. Da kein anderer Patient da war, an dem man das Experiment hätte wiederholen können, und da viele der Anwesenden ihre Meinung äußerten, dass alles Humbug sei, reiste ich am nächsten Morgen nach Hause." Was Wells hier in nüchterne Worte fasst, war eine totale Erniedrigung vor den Kollegen, die ihn so traf, dass er sich nicht mehr davon erholen sollte. Er geriet völlig aus der Bahn, was letztlich, drei Jahre später, mit seinem Selbstmord enden sollte.

Der Keim für eine Epoche machende Entdeckung aber war gelegt. Wells berichtete seinem ehemaligen jüngeren Kommilitonen William Morton von der schmerzausschaltenden Wirkung des Lachgases, allerdings vermochte er ihn nicht dafür „zu entflammen". Erst zwei Jahre später, 1846, erinnerte sich Morton an Wells flammende Rede, als sich ein Patient wegen extremer

Bild 3:   Früher Versuch zur Prüfung der wirksamsten Dosierung der Narkosegase

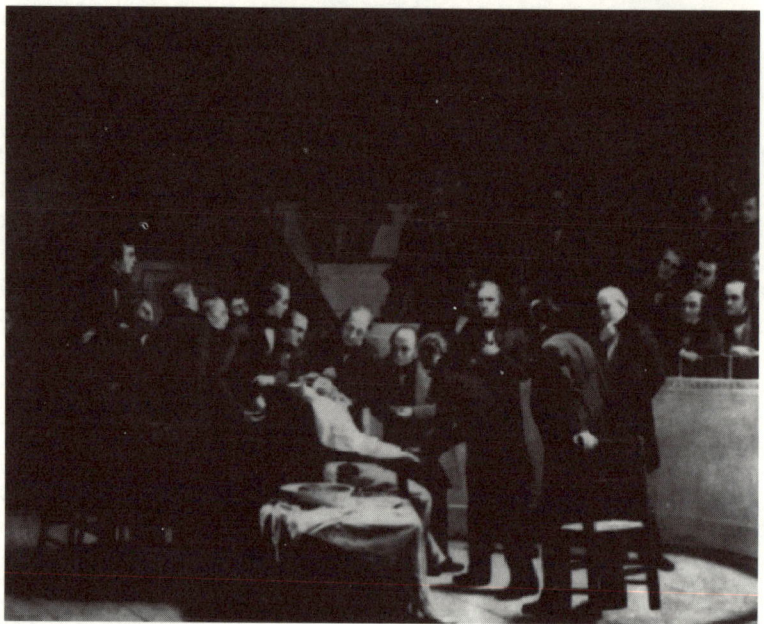

Bild 4:   Erste öffentliche Operation unter Vollnarkose durch John Warren in Boston (1846)

Schmerzängste nicht den Zahn ziehen lassen wollte. Morton fragte seinen Chef an der Harvard Medical School, den Chemiker Charles Jackson, ob er ihm Lachgas besorgen könne. Der empfahl ihm, etwas anderes zu versuchen: Ether (chemisch korrekt: Diethylether), mit dem der Chemiker selbst schon experimentiert hatte, nachdem von früheren Versuchen anderer Ärzte gelesen hatte. Nachdem Morton Dutzenden von Patienten unter Ether schmerzlos Zähne gezogen hatte, wandte er sich an denselben John Warren, der zwei Jahre zuvor die öffentliche Vorführung für Horace Wells arrangiert hatte, und bat um eine ebensolche Gelegenheit. Warren, der angesehene Chirurg, gewährte sie ihm, und entfernte mit Morton als „Anästhesist" einem Patienten schmerzlos einen Tumor am Hals. Die Vorführung am 16. Oktober 1846 wurde zum gefeierten Erfolg.

Schnell verbreitete sich die Kunde von der neuen schmerzlosen Chirurgie in aller Welt. Unter den drei Pionieren der „Anästhesie" aber – dieser Terminus wurde noch im gleichen Jahr von dem Arzt und Dichter Oliver Wendell Holmes vorgeschlagen – entbrannte ein heftiger Streit, der mit Neid und Missgunst nur unzureichend beschrieben ist. Aus drei ehemaligen Freunden – Wells,

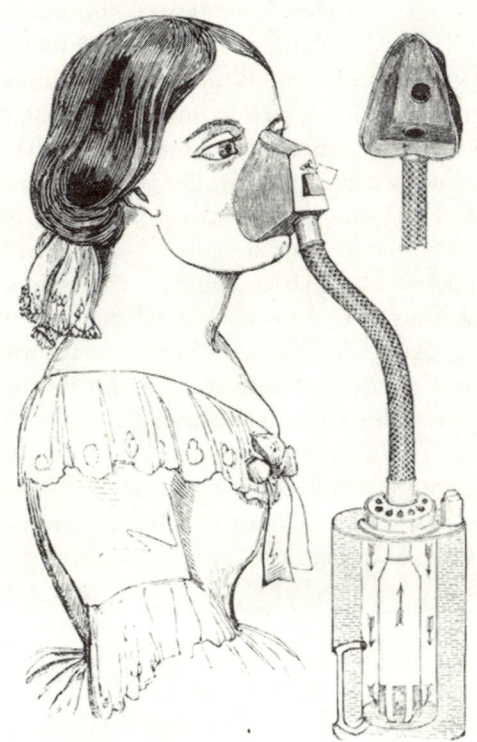

Bild 5:   Frühes Ether-Inhalationsgerät

Morton und Jackson – wurden erbitterte Feinde, und alle drei endeten tragisch. Morton witterte das große Geld; wohl wissend, dass Ether, da schon lange bekannt, nicht patentierbar sein würde, fügte er einige für den Betäubungseffekt unwesentliche Komponenten hinzu und bezeichnete seine Substanz geheimnisvoll als „Letheon". Obwohl er darauf ein Patent erhielt, flog der Schwindel bald auf – nicht zuletzt, weil der Chemiker Charles Jackson seinerseits Anspruch erhob, die Etheranästhesie erfunden zu haben. Horace Wells wiederum warf beiden vor, seine Grundidee, durch Inhalation eines Gases zu betäuben, geklaut zu haben. Wells wollte zunächst beweisen, dass „sein" Lachgas dem Ether als Narkosegas überlegen sei – und scheiterte damit. Lachgas hatte eine weit schwächere Wirkung als Ether und war für zahnärztliche Extraktionen zwar ausreichend, für chirurgische Eingriffe allerdings ungeeignet. Wells experimentierte weiter mit Chloroform als Narkosegas – und wurde bald abhängig davon. Als er in New York, wieder einmal „high" vom Chloroform, zwei New Yorker Prostituierte mit Säure bespritzte, wurde er inhaftiert. In seiner Zelle betäubte er sich „fachgerecht" mit Chloroform, schnitt sich eine Oberschenkelarterie auf und verblutete – Selbstmord mit nur 33 Jahren.

Morton hätte bei geschickter Vermarktung seiner Technik reich und berühmt werden können. Stattdessen rieb er sich in juristischen Kämpfen auf. 1868, also 22 Jahre nach seiner gefeierten Vorführung, machte er sich wutentbrannt zu seinem Rivalen Jackson nach New York auf, der wieder einmal einen Artikel zur Etheranästhesie ohne Erwähnung Mortons veröffentlicht hatte. Auf dem Weg zu Jackson hatte er mit seiner Kutsche einen Unfall, fiel dabei in einen See des Central Parks und ertrank. Charles Thomas Jackson lebte länger, bald allerdings – euphemistisch ausgedrückt – stark psychisch beeinträchtigt. Nachdem er nicht nur die Entdeckung der Narkose für sich beanspruchte, sondern auch die des Telegrafen und der Schießbaumwolle, nahm ihn niemand mehr ernst. Nach sieben Jahren in völliger geistiger Umnachtung starb er 1880 in einem Pflegeheim.

1849, während der Streit um die Vaterschaft an der Entdeckung der Anästhesie weiter eskalierte, erschien im Southern Medical Journal der Artikel eines gewissen Dr. Crawford W. Long aus Georgia, in dem er von seinen Studien mit Lachgas berichtete. Auch er hatte, vier Jahre vor Horace Wells, auf einer der populären Lachgas-Shows bemerkt, dass Verletzte unter Lachgas keine Schmerzen empfanden. Gemeinsam mit einigen Freunden hielt er wiederholte Male private Lachgas-Partys ab. Als ihnen einmal das N_2O ausging, inhalierten sie Ether, von dem Long wusste, dass er zu ganz ähnlichen Effekten führte. Aus diesen Erfahrungen heraus wagte er am 30. März 1842 die wohl weltweit erste Operation unter Vollnarkose. Er entfernte einem Patienten zwei Tumore am Hals, kurz darauf amputierte er einem Jungen einen Zeh. Ob aus Bescheidenheit oder wegen wissenschaftlicher Akribie veröffentlichte er diese Ergebnisse erst sieben Jahre später. „Bevor ich etwas veröffentlichte, wollte ich die Etherisation an einer genügend großen Anzahl von Fällen ausprobiert haben", erklärte er später, „damit wollte ich sicherstellen, dass die Anästhesie tatsächlich durch den Ether verursacht wurde und nicht einfach Einbildung war oder durch eine zufällige Unempfindlichkeit des Patienten gegen Schmerz hervorgerufen wurde." So mancher Forscher – auch und gerade heute – könnte sich von so viel wissenschaftlicher Lauterkeit eine gehörige Portion abschneiden. Damals wie heute gilt aber auch der alte Spruch, dass vom Leben bestraft wird, wer zu spät kommt. Das im Wissenschaftsleben als „publish or perish" – veröffentliche oder geh unter – bekannte Prinzip führte schon damals dazu, dass Morton, Wells und Jackson in aller Munde waren und Long kaum beachtet wurde. Ironie des Schicksals, dass die drei „Lautsprecher" der Entdeckung allesamt nicht gerade glücklich wurden, während Long seinen Beruf weiter „als Dienst an Gott" empfand und ihn lange Jahre zufrieden ausübte.

20

Vom Sprengstoff zur Potenzpille

Stickstoffmonoxid – Karriere eines Gases

Stickoxide sind umweltbewussten Bürgern als schädliche Gase geläufig. Sie entstehen als unerwünschte Nebenprodukte bei allen Verbrennungsprozessen, an denen Luftstickstoff beteiligt ist. Als Bestandteil der Autoabgase sind sie mittelbar für den „Ozonalarm" im Sommer und den sauren Regen verantwortlich. Dass kleinste Mengen Stickstoffmonoxid (NO) aber auch in den Zellen unseres Körpers produziert werden und dort eine wichtige Funktion bei der Übermittlung von Signalen haben, wurde erst in den 1980er-Jahren bewiesen. Ein Gas als Botenstoff im menschlichen Körper galt als Sensation: Ein völlig neuartiges Prinzip der Natur war entdeckt. NO, vom Fachblatt Science 1992 zum „Molekül des Jahres" gekürt, gibt das Signal zur Erweiterung von Blutgefäßen und regelt damit den Blutdruck und die Blutzufuhr zu den Organen. Dass das Gas auf diese Weise auch das Kommando zur Erektion des Penis gibt, brachte es sogar auf die Titelseiten der Boulevardpresse: Der Wirkmechanismus der Potenzpille Viagra nämlich fußt letztlich auf der Schleusen öffnenden Wirkung von NO. Darüber hinaus wird das Gas auch in Nervenzellen gebildet, spielt eine wichtige Rolle beim Lernen und Erinnern und

*beeinflusst auch die Kontraktionsbewegungen des Darms. Und
es entsteht in bestimmten weißen Blutkörperchen, die damit
eingedrungene Bakterien oder Parasiten abtöten. Die Entdeckungsgeschichte der Wirkweise von NO bietet alle Facetten
moderner Forschung: zufällige Beobachtungen, Labor-
„Unfälle", die auf die richtige Spur führten, das unvorhersehbare Konvergieren völlig verschiedener Forschungsansätze
und die internationale Zusammenarbeit vieler Forschergruppen. 1998 gab es den Medizin-Nobelpreis für die
„Entdeckung von NO als Signalmolekül im Herz-Kreislauf-
system" und binnen kürzester Zeit wurden die neuen
Erkenntnisse auch zur Entwicklung neuer Medikamente
eingesetzt.*

Alfred Nobel ist heute vor allem für seine Stiftung bekannt. Das Geld, das all-
jährlich eine auserlesene Zahl von Wissenschaftlern erfreut, entstammt den
hochexplosiven Geschäften des schwedischen Industriellen. Der Chemiker
hatte Nitroglycerin so gezähmt, dass er daraus einen in der Handhabung relativ
ungefährlichen Sprengstoff herstellen konnte – Dynamit. In seinen letzten
Lebensjahren litt der große Gönner der Wissenschaften zunehmend an *Angina
pectoris*; gegen die damit einhergehenden starken Brustschmerzen verschrieben
ihm die Ärzte ein Medikament, mit dem sie bei *Angina pectoris*-Schmerzen gute
Erfahrungen gemacht hatten und das Nobel in anderer Gestalt höchst vertraut
war: Nitroglycerin. „Ist es nicht eine Ironie des Schicksals, dass mir Nitroglycerin zur innerlichen Anwendung verschrieben wurde?", schrieb er wenige
Wochen vor seinem Tod an einen Freund, „sie nennen es Trinitrin, um die Apotheker und die Patienten nicht zu ängstigen." Den großen schwedischen Erfinder konnten die Ärzte damit allerdings nicht austricksen: Er lehnte die Behandlung ab, da er von Nitroglycerindämpfen in seiner Fabrik stets starke Kopf-
schmerzen bekommen hatte.

Niemand wusste, warum ausgerechnet Nitroglycerin die Schmerzen im
Brustkorb linderte. Schon Ende des 17. Jahrhunderts – wenige Jahrzehnte,
nachdem der englische Arzt William Harvey in seinem Werk *De Motu Cordis*
erstmalig das Prinzip der Blutzirkulation beschrieben hatte – führten englische
Ärzte die heftigen Brustschmerzen auf eine Verstopfung der Herzkranzgefäße
zurück. Auch wenn sich dies nicht sofort überall herumsprach, lagen sie mit
ihrer Diagnose exakt richtig. Ein Jahrhundert später, 1867, wurde in einem
Lancet-Artikel erstmals erwähnt, dass sich die Schmerzen mit Amylnitrit lindern ließen. Einem Chemiker war bei *Trial-and-Error*-Tests aufgefallen, dass
nach Einatmen des Gases sein Herz zu pochen begann und er heftig errötete.

Die Ärzte versuchten die Substanzen daraufhin bei Herzpatienten und hatten Erfolg. Da die lindernde Wirkung des Amylnitrits aber nur kurze Zeit anhielt, suchten sie nach verwandten Substanzen – und stießen dabei auch auf Nitroglycerin. Der italienische Chemiker Ascanio Sobrero hatte die hochexplosive Mischung 1846 erfunden und durch eine Explosion schwerste Gesichtsverletzungen davon getragen. Sie schien ihm für jegliche Art von Anwendung viel zu gefährlich. 1860 allerdings fand Alfred Nobel einen Weg, die Substanz sicherer zu machen. Er verarbeitete sie, vermischt mit Kieselgur, zu einer Paste, die sich zu Stangen formen und gezielt entzünden ließ – das Dynamit war erfunden. Nur wenig später, 1879, gelang es einem Londoner Arzt, dem Nitroglycerin durch extreme Verdünnung seine Sprengkraft zu nehmen und damit ein hochwirksames Heilmittel gegen *Angina pectoris* zu kreieren. Unter dem Namen Glyceroltrinitrat wird es bis heute zur Linderung von *Angina pectoris*-Anfällen eingesetzt.

Bis man wusste, warum diese Wirkung so zuverlässig eintrat, sollte über ein Jahrhundert vergehen. Seit den 1930er-Jahren gewannen die Wissenschaftler mehr und mehr Einblick in die Prinzipien der Kommunikationsvorgänge im Körper. Alle Zellen eines vielzelligen Organismus müssen ständig Botschaften miteinander austauschen, um ihre Entwicklung zu Geweben zu organisieren, ihr Wachstum zu kontrollieren und vor allem, um die verschiedensten Aktivitäten in Gang zu setzen – ob die Ausschüttung von Magensäften, die gezielte Anspannung von Muskeln oder die Organisation des Abwehrkampfs gegen eingedrungene Bakterien. Meist sind chemische Stoffe an der Nachrichtenübermittlung beteiligt. Hormone etwa werden an verschiedenen Stellen des Körpers gebildet und über die Blutbahn transportiert; an ihren Bestimmungsorten docken sie an genau passende Rezeptoren auf den Zelloberflächen an. Auch die Reizweiterleitung in den Nerven wird an den Kontaktstellen der Nervenzellen, den Synapsen, durch chemische Botenstoffe vermittelt. In jedem Fall ist das Andocken an bestimmte Rezeptoren nur der Auslöser für eine ganze Kaskade weiterer, ebenfalls chemischer, Übermittlungsprozesse. Das Signal wird auf komplizierte Weise durch die Zellmembran ans Zellinnere übermittelt, wo wiederum Botenstoffe ausgeschüttet werden. Im Gegensatz zu den „primären" Botenstoffen oder *„first messengers"*, die außen an den Zellen andocken, sprechen die Wissenschaftler bei den übrigen Stoffen von „sekundären" oder „intrazellulären" Botenstoffen. Die genauen Abläufe sind beliebter – und bei den Kandidaten gefürchteter – Prüfungsstoff für Biochemiker und Mediziner, ihre Entschlüsselung wurde mit einer ganzen Reihe von Medizin- und Chemie-Nobelpreisen bedacht.

Bei der Untersuchung einer der vielen Zwischenschritte, durch die das Hormon Adrenalin in der Leber die Synthese von Glucose anregt, stieß der

Biochemiker Ferid Murad 1977 auf ein erstaunliches Phänomen. Während verschiedener Phasen der Signalübermittlung konnte er zweifelsfrei Stickstoffmonoxid, NO, nachweisen. Immer, wenn NO anwesend war, gab es erstaunliche Effekte – unter anderem auch die Relaxation der Muskulatur. Murad war der erste, der öffentlich mutmaßte, NO – übrigens nicht zu verwechseln mit dem Lachgas N_2O – könnte ein Signalmolekül sein. „Alle erklärten mich damals für verrückt", erinnert sich Murad – ein schädliches, extrem unstabiles Gas sollte eine Rolle bei der Nachrichtenweiterleitung zwischen Zellen spielen? Noch waren die Indizien nicht erdrückend genug, die Zeit nicht reif für die revolutionäre Hypothese. Daran änderte auch die überraschende Beobachtung des Pharmakologen Louis Ignarro in New Orleans nichts, dass sich eine Arterie in einem Reagenzglas dehnte, wenn man NO durch die Nährlösung sprudeln ließ.

Die Lösung des Rätsels kam von einer anderen Seite. An der State University New York beschäftigte sich Robert Furchgott seit den 1940er-Jahren mit den

Bild 1:   Ferid Murad

Bild 2:   Louis J. Ignarro

Mechanismen der Erweiterung von Blutgefäßen. Unsere Adern sind von einem Ring feiner Muskeln umgeben. Sie erschlaffen, wenn irgendwo im Körper mehr Blut gebraucht wird, wodurch sich die Adern weiten. Als Chemiker interessierte ihn dabei die molekulare Ebene. Es war bekannt, dass der Neurotransmitter Acetylcholin zu einer Gefäßerweiterung führt. Um den Mechanismus genauer studieren zu können, schnitt sich Furchgott kleine Streifen aus der Aorta eines Kaninchens samt der sie umgebenden Muskulatur zurecht. Unter der Zugabe von Acetylcholin hätten sich diese Streifen also dehnen müssen. Als Furchgott jedoch Acetylcholin zugab, passierte das genaue Gegenteil: Die Streifen verkürzten sich. Trotz allen Bemühens konnte Furchgott das Rätsel nicht lösen und schob das Problem entnervt zur Seite.

Viele Jahre später – Furchgott beschäftigte sich noch immer mit Fragen der Herz/Kreislauf-Regulation – wollte der Chemiker den Einfluss verschiedener Chemikalien auf das Dehnungsverhalten der Gefäßmuskulatur überprüfen. Um einen kontrahierten Ausgangszustand herzustellen, benutzte er Carbachol, einen engen Verwandten des Acetylcholins, von dem er nun einmal seit jenen Versuchen in den 1940er-Jahren hingenommen hatte, dass es Blutgefäße im isolierten Zustand kontrahiert. Um drei Substanzen auf ihre Auswirkungen zu testen, hatte er seinem Assistenten David Davidson ein exaktes Versuchsprotokoll entworfen. Am Anfang sollte eine Testkontraktion, ausgelöst durch den Neurotransmitter Noradrenalin stehen. Danach sollte Davidson die Probe gut mit Salzlösung auswaschen, um das Noradrenalin zu entfernen, und eine weitere Testkontraktion mit Carbachol durchführen. Nach erneuter penibler Reinigung sollte der Test der eigentlichen Substanz beginnen.

Am 5. Mai 1978 begann Davidson mit den Versuchen – und leistete sich gleich beim ersten Durchgang einen Fehler. Er vergaß nach der ersten Testkontraktion die Reinigung. Er traktierte das noch durch das Noradrenalin kontra-

Bild 3:   Robert F. Furchgott

hierte Blutgefäß zusätzlich mit Carbachol. Anstatt dass es sich aber noch weiter zusammenzog, wie es zu erwarten gewesen wäre, dehnte es sich auf einmal. Das schien dem Assistenten so interessant, dass er seinen Fehler nicht vertuschte, sondern umgehend seinem Chef rapportierte. Auch der hatte bei all seinen langjährigen Versuchen mit präparierten Blutgefäßen stets nur eine Kontraktion gesehen, wenn er Acetylcholin oder dessen Abkömmlinge wie Carbachol zugegeben hatte. Jetzt auf einmal trat das ein, was man vom lebenden Organismus kannte: Die Gefäße weiteten sich. Eine Erklärung dafür hatte Furchgott nicht. Akribisch versuchte er herauszufinden, was das Besondere an der Versuchsanordnung war. Und tatsächlich erkannte er bald, dass es *einen* Unterschied zu seinen bisherigen In-vitro-Versuchen gab. Statt mit Längsstreifen von Blutgefäßen hatte sein Assistent diesmal mit Ringen à la „Calamari fritti" gearbeitet. Sollte das für den Unterschied verantwortlich sein?

Robert Furchgott schnitt ein Blutgefäß in eine Vielzahl von Ringen, und jedes Mal dehnten sie sich, wenn ihnen im Reagenzglas Acetylcholin zugesetzt wurde. Anschließend schnitt er genau diese Ringe in Streifen und gab erneut Acetylcholin hinzu. Dabei erwartete er, wie über die Jahre immer wieder beobachtet, eine Kontraktion. Leider aber war das Ergebnis nicht so eindeutig. Einige der Streifen nämlich kontrahierten sich tatsächlich, andere aber dehnten sich. Es sind diese Momente, die manchen aufstrebenden Studenten der Naturwissenschaft schon an seiner Berufung haben zweifeln lassen. Die einfache Hypothese, dass Aderringe sich stets dehnen, Streifen aber kontrahieren, wenn man den Neurotransmitter zugibt, war damit hinfällig. Diesmal aber ließ Furchgott nicht locker und wollte der Sache auf den Grund gehen. Ihm fiel auf, dass die Streifen, die sich kontrahierten, an ihren Rändern aufgerollt waren – Anzeichen für eine stärkere Zerstörung durch die Präparation. Hatte Furchgotts Art zu schneiden vielleicht irgendetwas Entscheidendes entfernt? Durch akribische weitere Versuche fand er die Lösung. „Wenn man die innere Oberfläche der Ringe vorsichtig mit den Fingern abrieb, gab es ebenfalls keine Relaxation", erinnert sich Furchgott und schloss daraus: „Bei all unseren frühen Versuchen mit den Gefäßstreifen hatten wir unabsichtlich die inneren Endothelzellen der Gefäße zerstört. Wenn man extrem vorsichtig war beim Zuschneiden der Streifen und die innere Oberfläche nicht berührte, dehnten auch sie sich bei Acetylcholinzugabe."

In einem, wie das Nobel-Kuratorium später schrieb, „ingeniösen Experiment" wies der Chemiker 1980 nach, dass es sich tatsächlich um die Endothelzellen handelt, die die entscheidende Rolle spielen – die zarte, einlagige Zellschicht, die die Blutgefäße innen auskleidet. Über ihre Funktion war bisher wenig bekannt – die Biologen hielten sie schlicht für eine Art schützenden „Verputz" der Adern. Furchgott bastelte ein „Sandwich" aus einem Stück Aorta mit intaktem Endothel und einem anderen Stück ohne. Als er nun Acetylcholin zu den eng beieinander liegenden Blutgefäßabschnitten gab, dehnten sich beide. Acetylcholin schien also die Endothelzellen anzuregen, einen *„second messenger"* zu bilden, der dann das Signal zur Dehnung gab. Furchgott konnte den Botenstoff weder genauer identifizieren noch isolieren; daher gab er ihm schlicht den Namen EDRF – *endothelium derived relaxing factor*: Dehnungsfaktor aus dem Endothel.

Die Entdeckung eines neuen geheimnisvollen Botenstoffs ließ die Forschergemeinde aufhorchen. Und natürlich drang die Kunde aus New York auch nach Charlottesville in Virginia, wo Ferid Murad wenige Jahre zuvor seine eigentümlichen NO-Beobachtungen gemacht hatte. NO hatte genau den Effekt hervorgerufen, den Furchgott nun von seinem ominösen EDRF berichtete. Sollten EDRF und NO ein und dieselbe Substanz sein? „Um ehrlich zu sein, hatten wir damals auch nicht so recht an NO als Signalmolekül geglaubt", gab Murad später zu, „es war eigentlich viel zu flüchtig und zu giftig." Furchgotts Entdeckung ließ ihn nun seine alten Experimente rekapitulieren und zum Endothelforscher werden. Neben Furchgott und Murad machte sich weltweit eine Vielzahl von Forschergruppen daran, der geheimnisvollen Substanz auf die Spur zu kommen.

Die ersten Indizien sprachen dafür, dass EDRF und NO zwei Namen für dieselbe Substanz waren, und doch sollte es sechs Jahre lang dauern, bis es als bewiesen gelten konnte. Forschergruppen, die eigentlich von völlig anderen Ausgangspunkten kamen und nun, jeder in seinem Labor an einer gemeinsamen Sache arbeiteten, trugen die Indizien zusammen. NO und EDRF führten beide zur Dehnung von Blutgefäßen, waren beide sehr instabil, ließen sich aber durch die gleichen chemischen Bedingungen stabilisieren und verstärken. Zudem lösten sie die gleichen chemischen Reaktionen aus. Letztlich kamen auch spektralanalytische Untersuchungen zu dem unzweifelhaften Ergebnis, dass es sich bei dem ominösen „Dehnungsfaktor aus dem Endothel", EDRF, um nichts anderes als Stickstoffmonoxid handelte.

Die weitere Forschung klärte bald eine Vielzahl von Einzelheiten rund um das Signalgas. NO wird in den Zellen des Endothels hergestellt, sobald es gebraucht wird – und zwar nur in so geringen Mengen, dass es nicht giftig ist. Ein hochkomplexes Enzym oxidiert dafür die Aminosäure L-Arginin. NO besteht nur aus zwei Atomen und ist damit so klein, dass es zum Beispiel Zellwände mühelos passieren kann und so sein Bestimmungsziel in Sekundenbruchteilen erreicht, wo es nach getaner Arbeit sofort wieder abgebaut wird. Schnell fand man auch, dass NO nicht nur in Endothelzellen, sondern auch in Nervenzellen und weißen Blutkörperchen hergestellt wird. In Letzteren entsteht es in vielfach höherer Konzentration als in den anderen Zellen, da die

Blutkörperchen NO nicht als Signalstoff, sondern als Gift gegen Eindringlinge einsetzen. Und endlich war auch klar, wodurch ausgerechnet Nitroglycerin lindernd bei Angina pectoris wirkt. Es setzt auf bis heute nicht genau geklärte Weise NO frei, das zu sofortiger Entspannung der Gefäße führt.

Den Nobelpreis für die Entdeckung von NO als Signalmolekül gab es ironischerweise im gleichen Jahr, in dem ein Medikament den Markt eroberte, das auf potente Weise seine Wirkung durch einen Eingriff in die NO-Signalkette ausübt. Der in Viagra enthaltene Wirkstoff *Sildenafil* blockiert einen Gegenspieler des NO und sorgt so dafür, dass die Blutschleusen zum Penis geöffnet bleiben, um eine länger andauernde, stärkere Erektion zu ermöglichen. Im Detail – und dies mag die komplizierten Signalketten in unserem Körper illustrieren – wirkt es etwa wie folgt: NO wird nach entsprechendem Nervenkommando bei sexueller Stimulation in den Endothelzellen der Penisarterien gebildet. Von dort diffundiert das Gas an die Oberfläche der Schwellkörper-Muskelzellen und bindet dort an ein bestimmtes Enzym, das dadurch umgehend im Zellinnern mit der Produktion eines sekundären Botenstoffs, dem „cyclischen Guanosinmonophosphat", beginnt. Dieses „cGMP" verhindert zuverlässig eine Kontraktion der Schwellkörpermuskulatur, das heißt: Die Schleusen zum Bluteinstrom bleiben weit geöffnet, der Penis erigiert. Leider aber baut ein anderes Enzym, die „Phosphodiesterase Typ 5" (PDE5), bei nachlassender Erregung das cGMP wieder ab. Der Muskel kontrahiert, Blut wird aus den Schwellkörpern gedrückt, der Penis erschlafft. Der Viagra-Wirkstoff Sildenafil nun blockiert dieses letztere Enzym PDE5, wodurch cGMP nicht abgebaut wird. Die Muskulatur der Penisarterien bleibt weiterhin schlaff, das Blut kann weiter

Bild 4:   Viagra ließ die Manneskraft ebenso wie den Aktienkurs des Herstellers steigen

in die Schwellkörper strömen. „Nur, weil man das Zusammenspiel zwischen NO und den anderen körpereigenen Botenstoffen, vor allem dem cGMP, genau kannte, war die Entwicklung von Viagra möglich", bestätigt Gerrit Grau von der Herstellerfirma Pfizer.

Eine Karriere als Potenzmittel war für Viagra allerdings zunächst gar nicht vorgesehen. Der Pharmakonzern Pfizer hat eine lange Tradition auf dem Gebiet von Herz-Kreislauf-Medikamenten, und auch der Viagra-Wirkstoff *Sildenafil* wurde wegen seines bekannten Eingriffs in die NO-Signalkette als Herzmittel entwickelt – das gute alte Nitroglycerin lässt grüßen. Leider erwies sich die Substanz während der klinischen Versuchsphase als Flop. Die Versuchsleiter bemerkten allerdings, dass die männlichen Teilnehmer der Studie über deren Abbruch höchst ungehalten waren. Nähere „peinliche" Befragungen der Probanden brachten das wahre Potenzial der Substanz an den Tag. Die Indikation wurde geändert, Hoffnungen von Patienten mit erektiler Dysfunktion stiegen ebenso wie der Aktienkurs der Firma. Dass die Einnahme von Viagra bei Patienten, die gleichzeitig ein Herzmittel nehmen, das ebenfalls über den NO-Mechanismus wirkt, zum Tode führen kann, wird aufgrund der engen Verwandtschaft der Mittel verständlich.

Nebenbei bemerkt scheint das Gebiet lustverstärkender Medikamente eine besondere Affinität zum Zufall zu haben – was auch daran liegen mag, dass die Wissenschaft über die Zusammenhänge auf diesem Gebiet noch verhältnismäßig wenig weiß. Angespornt durch den Viagra-Erfolg machten sich viele Forschergruppen an die Entwicklung weiterer Medikamente. Die Firmen Lilly und Bayer warten im Jahr 2002 mit Medikamenten auf, die nach dem gleichen Prinzip wie Viagra funktionieren. Alle drei Mittel aber haben einen gravierenden Nachteil: Der Wirkmechanismus setzt voraus, dass eine gewisse Erregbarkeit des Mannes da sein muss – die Ausschüttung von NO muss am Anfang stehen. Viele Patienten, Männer wie Frauen, klagen aber über einen all-

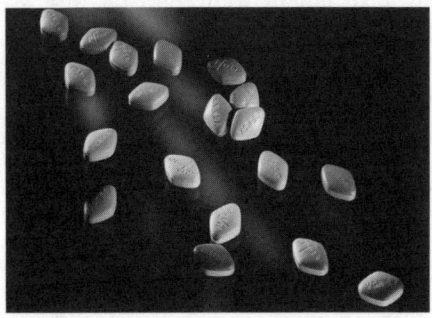
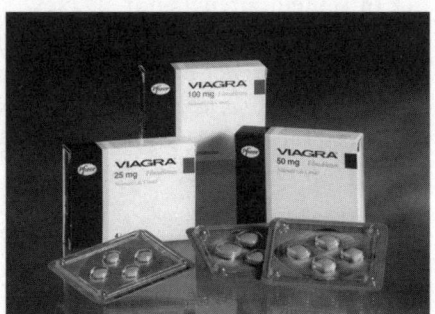

Bild 5: Potenz auf Rezept

gemeinen Libido- und Erregungsverlust. Hier könnten bald andere Medikamente helfen, die ihre Wirksamkeit im eigentlichen Lustorgan des Menschen, dem Gehirn, entfalten – und die ihre Entdeckung ebenfalls dem Zufall verdanken. Forscher in Arizona etwa suchten eigentlich nach einem Mittel, das ohne Sonnenstrahlung bräunt und verabreichten einer Gruppe von Probanden dafür den Wirkstoff Melanotan II. Einige männliche Versuchsteilnehmer – darunter auch solche, die als impotent galten – bekamen nach Verabreichung der Substanz spontane Erektionen. Nähere Untersuchungen ergaben, dass das im Melanotan II enthaltene Hormon alpha-MSH dafür verantwortlich war, das im Gehirn bestimmte Botenstoffe beeinflusst, die zu einer Steigerung der Erregbarkeit führen. Die Entwicklung eines alpha-MSH enthaltenden Nasensprays läuft bereits – es soll bei Männern und Frauen gleichermaßen wirken. Auch Forscher des US-Konzerns Eli-Lilly machen lustgestörten Menschen Hoffnung: Bei Tierversuchen mit einem Medikament gegen Übelkeit und Depression zeigte sich eine deutlich erhöhte Kopulationsbereitschaft der Tiere. VML 670, so der Laborcode der Substanz, soll künftig depressiven Patienten zu einer höheren Libido verhelfen. Und seit 2001 bereits ist das Potenzmittel Apomorphin in Deutschland zugelassen, das eigentlich als Brechmittel nach Vergiftungen eingesetzt wurde und über bestimmte Botenstoffe im Gehirn dazu führt, das entspannende Signale über die Nervenbahnen bis in die Gefäßmuskulatur des Penis geschickt werden.

Doch zurück zum NO. Das Nobelpreis-Komitee hatte vermutlich seine liebe Not, den Preis gerecht zu verteilen. Da nie mehr als drei Personen gleichzeitig damit bedacht werden können, entschied man sich 1998 für Robert Furchgott, Louis Ignarro und Ferid Murad, wohlwissend, dass ohne den Beitrag weiterer Forscher die Entdeckung des neuen Prinzips der Signalübermittlung kaum möglich geworden wäre. Von allen drei Forschern übrigens wird berichtet, dass es sich um höchst pedantische, von ihrer Arbeit geradezu besessene Forscher handelt. Robert Furchgott, Jahrgang 1916, erscheint noch heute regelmäßig in seinem alten Labor in New York sowie in einem weiteren, das ihm an seinem Altersruhesitz in Miami eingerichtet wurde; Louis Ignarro, Jahrgang 1941, ist dafür berüchtigt, dass er mitunter schon um vier Uhr morgens im Labor erscheint und bis spät in die Nacht bleibt. Aber auch die Arbeit derart engagierter Forscher brauchte an den entscheidenden Stellen das Quäntchen Glück, um erfolgreich zu sein.

21

Wie Schmetterlinge die Welt verändern

Chaos, Fraktale und das Wetter

*Wenn A, dann B. Und wenn man A – sprich: die Anfangs-
bedingungen eines Systems – ein klein wenig ändert, wird sich
auch das Ergebnis nur unwesentlich ändern. So stellt sich der
klassisch geschulte Physiker den Gang der Dinge vor. Ein solches linear-deterministisches Weltbild war die Basis, auf dem
die exakten Wissenschaften ihren Siegeszug antraten. Wie ihr
Erfolg zeigt, stimmt dieses Konzept auch im Großen und
Ganzen, und für den Alltagsgebrauch reicht es ohnehin. Dass
es aber Dinge zwischen Himmel und Erde gibt, die nicht nach
diesem einfachen Schema ablaufen, wurde erst in den
1960er-Jahren klar. Bei einigen Systemen führen kleinste
Änderungen der Anfangsbedingungen zu völlig unterschiedlichen Endzuständen. Künftige Zustände eines Systems lassen
sich daher nicht im Einzelnen vorhersagen. Den Anstoß für
das neue Erklärungsmodell, das am klassisch-deterministischen
Weltbild der Physik rüttelte und unter dem Namen „Chaostheorie" bekannt werden sollte, gab eine missglückte Wetter-
vorhersage.*

Edward Lorenz traute seinen Augen nicht, als er sich nach einigen Stunden wieder an seinen Computer setzte: Der Rechner spuckte Daten aus, die gar nicht stimmen konnten. Vermutlich hatte er bei der Eingabe der Daten etwas falsch gemacht, oder aber das Programm hatte eine „Macke". Eines jedenfalls ahnte der Meteorologe mit Sicherheit nicht: Dass die vermeintliche Computerpanne den Beginn einer neuen Disziplin der Wissenschaft markieren sollte, der Chaosforschung. Der Zufall spielt in ihr eine wichtige Rolle; Ironie der Geschichte, dass sie auch durch einen Zufall angestoßen wurde.

Edward Lorenz war im Jahre 1963 Meteorologe am Massachusetts Institute of Technology (MIT) in Cambridge. Von seinen Kollegen unterschieden ihn zwei Dinge: Er besaß überdurchschnittliche Mathematikkenntnisse und – damals höchst innovativ – einen Computer. Während sich die heutigen Wetterfrösche mit ganzen Batterien von Supercomputern an die Berechnung des Wetters und des künftigen Klimawandels wagen, war Meteorologie zu Beginn der 1960er-Jahre noch weit gehend Handarbeit, die nur kurzfristige Vorhersagen erlaubte. Und die lagen auch noch weit häufiger daneben als heute. Lorenz ließ das keine Ruhe; er wollte zu langfristigeren Vorhersagen kommen und versuchte, mit einem nach heutigen Maßstäben unglaublich simplen Programm das Wettergeschehen zu simulieren. Er gab dem Computer die wichtigsten Ausgangsdaten von Temperatur und Luftdruck ein und beschrieb die Wetterentwicklung mittels dreier Differenzialgleichungen. Das Programm setzte die in jedem Schritt jeweils errechneten Werte erneut als Ausgangsdaten in die Gleichungen ein und rechnete weiter – ad infinitum, ein so genannter „iterativer" Prozess.

Der Computer rechnete. Die neuen Daten zeigten immer mehr Stellen hinter dem Komma, so dass der Computer immer länger für die Berechnung brauchte und sie ihn letztlich völlig zu überlasten drohten. Nach einigen Tagen unterbrach Lorenz das Programm, da er auf diese Weise bis zu seiner Pensionierung nie ein Ergebnis erhalten hätte. Er ging in der berechneten Entwicklung zurück und setzte noch einmal neu an, diesmal mit abgerundeten Daten, um den Prozess zu beschleunigen. Als er nach einiger Zeit die Ergebnisse überflog, war der Computer gerade wieder so weit, wie er schon einmal gekommen war. Lorenz aber stutzte, denn die Ergebnisse waren diesmal ganz andere – Regen statt Sonne, Sturm statt Flaute – und dies, obwohl die Ausgangsdaten, bis auf die vermeintlich winzige Ungenauigkeit durch die Abrundung, identisch waren.

Die meisten Forscher hätten diese vermeintlich falschen Rechnungen auf eine Macke des Computers oder einen Programmierfehler zurückgeführt und sie nicht weiter beachtet. Lorenz Ausbildung und Erfahrung als Meteorologe aber – sensibilisiert dafür, auch kleinste Abweichungen zu berücksichtigen –

brachten ihn dazu, sich mit dem Resultat näher zu befassen. Er wiederholte die
Rechnungen – und es gab keinen Zweifel: Die geringfügige Abrundung der
Daten hatte dazu geführt, dass sich das berechnete Wetter schon nach kurzer
Zeit nicht nur um Nuancen, sondern *völlig* anders entwickelte. Kleinste Ursachen – große, nicht vorhersagbare Wirkungen: Unter dem Namen „Schmetterlingseffekt" ging Lorenz Erkenntnis in die Geschichte ein. Schon der Flügel-
schlag eines Schmetterlings in Brasilien kann zwei Wochen später einen Tor-
nado in Texas auslösen.

Was sich wie eine als nette Anekdote erzählte Alltagsweisheit anhört, zeigte
tatsächlich, dass das klassische physikalische Weltbild nicht zur Erklärung sämtlicher „Wechselfälle des Lebens" ausreicht. Bis dahin hatte man angenommen,
dass auch in der Natur in der Regel so genannte deterministische Systeme vor-
herrschen. Sind alle Bedingungen eines Systems zu einem beliebigen Zeitpunkt
bekannt, so lässt sich auch seine Entwicklung bis in alle Zukunft voraussagen.
Die Wurzeln einer solchen mechanistischen Erklärung unserer Welt reichen bis
ins 16. Jahrhundert zurück, als der Siegeszug der exakten Wissenschaften
begann. Alles in der Welt, und auch ihre künftige Entwicklung, ließe sich
exakt beschreiben, wenn man nur alle Ausgangswerte hinreichend exakt kannte
und die Naturgesetze darauf anwandte. Der französische Forscher Pierre Simon
de Laplace (1749–1827) kreierte das Gedankenmodell eines „Dämons" der –
wenn er alle Bedingungen kannte – die Entwicklung der gesamten Welt vorhersagen konnte. Alles war berechenbar, vorhersehbar und beherrschbar – und vor
allem durch die Naturgesetze vorherbestimmt. Welche Auswirkung das mecha-
nistisch-deterministische Weltbild auf das vorherrschende, kirchlich geprägte
Weltbild hatte, verdeutlicht Laplaces legendäre Antwort auf die Frage Napoleons, wo in seinem System denn Gott vorkomme: „Sire, diese Hypothese benö-
tige ich nicht!"

Lorenz Ergebnisse deuteten nun an, dass diese deterministische Betrachtungsweise der Welt nicht für alle Systeme zu gelten schien. In seinem Wetter-
modell hatten kleinste Störungen des Anfangszustandes auf die Dauer erhebli-
che Auswirkungen. Im klassischen, linear-deterministischen Modell hätten
kleinste Änderungen auch nur kleinste Auswirkungen haben dürfen. Das
Besondere an Lorenz Beobachtungen war, das die kleinen Änderungen sich
exponentiell mit der Zeit auswirkten. Wenn sie sich beispielsweise nach einer
Stunde verdoppelt hatten, waren sie nach einer weiteren Stunde viermal so
groß, nach der dritten Stunde achtmal und so weiter. Dadurch lief das System
regelrecht „aus dem Ruder".

Mit den Konsequenzen, die Lorenz hinter seinen meteorologischen Compu-
tersimulationen erahnte, war er seiner Zeit allerdings voraus. Seine Entdeckung
war für Meteorologen zu mathematisch, und Mathematiker lasen nun mal

höchst selten meteorologische Fachzeitschriften. Und dass der französische Mathematiker Henri Poincaré (1854–1912) schon Anfang des 20. Jahrhunderts am deterministischen Weltbildes gekratzt hatte, war auch mehr oder weniger in Vergessenheit geraten. Poincaré hatte die Bahnen der Planeten um die Sonne untersucht und festgestellt, dass ihre gegenseitigen Bahnstörungen keineswegs zu vernachlässigen sind. „Es kann der Fall eintreten", schrieb er 1903, „dass kleine Unterschiede in den Anfangsbedingungen große Unterschiede in den späteren Erscheinungen bedingen … Die Vorhersage wird unmöglich." Die gegenseitigen Störeinflüsse der Planeten, so errechnete Poincaré ansatzweise, könnten sich bei außergewöhnlichen Konstellationen resonanzartig aufschaukeln. An dieser Stelle getraute sich der Mathematiker seinerzeit nicht weiterzurechnen: „Diese Dinge sind so bizarr, dass ich es nicht aushalte, weiter darüber nachzudenken." Ohne Computerhilfe wäre er aber ohnehin bald an seine Grenzen gestoßen.

Erst über zehn Jahre nachdem durch Lorenz von einer ganz anderen Seite Poincarés Gedanken bestätigt wurden, fassten Mathematiker die Ahnungen von Poincaré und Lorenz in wasserdichte Formeln und fügten damit dem mechanistischen Weltbild der Physik eine neue Komponente hinzu: Die „Chaostheorie" – inzwischen sprechen die Physiker lieber von der „Theorie dynamischer Systeme" – wurde zeitweilig zu einer Art Modetheorie in der Physik und sogar zum beliebten Partygespräch. Alles hatte nun irgendwie mit Chaos zu tun. Der seltsam schillernde Begriff des Chaos schien eine mysteriöse Anziehungskraft zu besitzen. Als Gegenbegriff zum „Kosmos" bezeichnete „Chaos" bei den Griechen den mit ungeformten Urstoff gefüllten Raum, der noch nicht die Gliederung der Welt enthielt. Eine Brise klassisch-humanistischer Bildung schien plötzlich durch die trockenen Gedankengebäude der theoretischen Physik und Mathematik zu wehen. Und das eingängige Bild des flügelschlagenden Schmetterlings ließ auch Massenmedien auf die neue Theorie aufmerksam werden. Das Insekt wurde wohl zum meistzitierten wissenschaftlichen Sinnbild der 1970er- und 1980er-Jahre, wobei sowohl der Ort, an dem es mit den Flügeln schlägt, als auch der, an dem das Unheil eintrat, und auch die Art des Unheils selbst je nach Fantasie des Autors variierten. Und gelegentlich mutierte auch der Schmetterling selbst, etwa zur Libelle.

Nachdem sich der Nebel des anfänglichen „Hypes" verzogen hatte, wurde die wirkliche Bedeutung der neuen Konzeption klar. Das Chaos, das die Physiker meinen, hat nämlich wenig mit dem Durcheinander zu tun, das sich unweigerlich auf dem Schreibtisch oder im Kinderzimmer findet, wenn längere Zeit keine ordnende Hand eingegriffen hat. Im „deterministischen Chaos" ist das System zwar ebenfalls vollständig durch Gleichungen beschrieben, diese sind aber nicht linear – sie lassen sich nicht ebenso in die eine wie in die andere

Richtung rechnen. Damit ist die Entwicklung nicht völlig vorhersehbar, dennoch bildet sich in chaotischen Systemen mit der Zeit eine eigene Ordnung heraus, bzw. präziser: In solchen chaotischen Systemen, in die ständig Energie zugeführt wird, so genannten „offenen Systemen", kann es zur „Selbstorganisation" kommen, neue Strukturen bilden sich. Und um die Situation noch bizarrer zu machen: Diese Strukturen haben in aller Regel das Merkmal der Selbstähnlichkeit; bestimmte Muster wiederholen sich, ineinander geschachtelt, immer wieder. Mathematiker bezeichnen eine solche geometrische Struktur als „Fraktal".

Was sich kompliziert anhört (und mathematisch gesehen auch ist), kennt jeder aus dem Alltag, da sich viele Vorgänge in der Natur nichtlinear verhalten, mithin „chaotisch" sind: die Strömungen, die sich im kochenden Wasser bilden, überhaupt Turbulenzen, die bei Erhöhung der Fließgeschwindigkeit in Flüssigkeiten entstehen; auch die Kringel des Zigarettenrauchs strömen chaotisch, und selbst eine sich auf dem Tisch drehende Münze trudelt nicht vorhersagbar, bis sie zur Ruhe kommt. Bei einem zweiten Versuch würde sich das jeweilige System anders verhalten: Das Wasser beginnt beim Erhitzen an anderen Stellen im Topf zu sprudeln, die Münze taumelt anders, ehe sie zur Ruhe kommt. Das wohl simpelste chaotische System ist das Doppelpendel, bei dem ein Pendel an einem anderen aufgehängt ist. Stößt man es leicht an, schwingen beide Pendel ein wenig hin und her wie ein Hampelmännchen

Bild 1: Ordnung aus dem Chaos: in nichtlinearen Systemen entstehen selbstähnliche Muster, sogenannte Fraktale

(kein Wunder, ist doch in den Gliedmaßen eines Hampelmanns ein solches Doppelpendel realisiert). Stößt man es stärker an, ist unvorhersehbar, wie es sich bewegt; auch dann, wenn man die genaue Ausgangsposition und die exakte Anstoßgeschwindigkeit kennt. Bei jedem Hin- und Herschwingen kommt es darauf an, ob sich jedes der beiden Pendel überschlägt oder wieder zurückfällt, ob beide Pendel sich daraufhin in die gleiche Richtung bewegen oder gegenläufig pendeln usw. Der Vollständigkeit halber sei hinzugefügt, dass es sich bei einem solchen Doppelpendel in der Regel nicht um ein „offenes System" handelt. Wird es nicht mehr angestoßen, kommt es schlicht zum Stillstand. Auch turbulente Strömungen bleiben nur solange turbulent, wie Energie zugeführt wird: Der Topf mit kochendem Wasser braucht die heiße Herdplatte, und beim Wetter sorgen die ständig vorhandenen Luftdruckunterschiede für Energiezufuhr. Besonders interessant für Physiker waren die Bedingungen und Regeln, unter denen normale, sich linear-deterministisch entwickelnde Systeme in den chaotischen Zustand übergehen. Interessanterweise stellten sie fest, dass sie dabei stets den gleichen, wenn auch höchst komplizierten, Regeln gehorchen.

Die neue Betrachtungsweise blieb keineswegs auf rein physikalische Phänomene beschränkt. Biologen konnten nun endlich die Entwicklung von Tierpopulationen besser beschreiben, die sich in einem komplizierten Wechselspiel von Räuber und Beute bisher einer Vorhersagbarkeit entzogen. Selbst auf gesellschaftliche und ökonomische Entwicklungen wird heute gern die Chaostheorie angewandt. Ob es sich dabei immer um „harte Physik" oder nur um eine heuristisch wertvolle Analogie handelt, sei dahin gestellt; in jedem Fall öffnet die neue Betrachtungsweise in den verschiedensten Gebieten neue Blickwinkel. Der Schmetterlingseffekt, so arbeitete vor allem der belgische Chemie-Nobelpreisträger Ilya Prigogine heraus, ist geradezu eine Voraussetzung dafür, dass Neues in der Welt entsteht. Instabilitäten linearer Systeme bilden den Keim zur Bildung völlig neuer Strukturen. Und vor diesem Hintergrund erscheint es auch noch weniger verwunderlich, dass der Zufall in der Forschung häufig so weit reichende Konsequenzen hat.

22
Fußbälle aus Kohlenstoff

Fullerene bringen Chemiker zum Träumen

Kohlenstoff gehört nicht nur zu den häufigsten Elementen im Universum, sondern bildet auch das Grundgerüst allen Lebens auf der Erde. Dabei liegt Kohlenstoff zum allergrößten Teil gebunden vor. In reiner Form, so glaubte man zumindest bis Mitte der 1980er-Jahre, trete Kohlenstoff nur in zwei Formen auf: als Grafit oder als Diamant. Während im Diamanten die einzelnen Atome ein festgefügtes dreidimensionales Gerüst bilden, besteht Grafit aus gestapelten Schichten sechseckiger Waben einzelner Atome. Dann aber mussten die Chemie-lehrbücher umgeschrieben werden. Mit den „Fullerenen" wurde eine völlig neue Kohlenstoffstruktur gefunden: Fünf- und sechseckige Kohlenstoffwaben schließen sich zu einer Kugel zusammen, die wie ein molekularer Fußball aussieht. In Chemikerkreisen wie auch in der Öffentlichkeit avancierten die Kohlenstoff-Fußbälle bald zu wahren Wundermolekülen, die beinahe für jedes Problem der Menschheit eine Lösung zu bieten hatten. Wie in der heutigen vernetzten Forschungs-landschaft beinahe schon üblich, geschah auch die Entdeckung der Fullerene auf mehreren Pfaden. Das Erstaunliche daran: Sowohl die erste Entdeckung der Fullerene als auch die einer

*effizienten Herstellungsmethode sind Nebenprodukte einer
ganz anderen Forschung, der wenig anwendungsverdächtigen
Astrophysik.*

Die Astrophysik zählt nicht gerade zu den Wissenschaften, von denen sich die
Industrie schnell verwertbare Spin-off-Produkte erwartet. Es sind die großen
Fragen vom Aufbau des Universums, seinem Anfang und Ende, die das Streben
und Trachten der Astrophysiker bestimmen – nicht die Niederungen anwend-
barer Produkte. Auch der Heidelberger Physiker Wolfgang Krätschmer und sein
amerikanischer Kollege Donald Huffman hatten nicht die Spur einer Anwendung im Sinn, als sie Anfang der 1980er-Jahre die Zusammensetzung des interstellaren Staubes studieren wollten. Dieser Staub absorbiert einen Teil des
Lichts, das uns von den Sternen der Milchstraße erreicht, und verschiebt
seine Farbe ein wenig ins Rötliche – gerade so, wie das Sonnenlicht morgens
und abends wegen seines längeren Weges durch die „staubige" Erdatmosphäre
rot erscheint. Niemand allerdings wusste genau, woraus der Staub eigentlich
besteht. Das Absorptionsverhalten deutete daraufhin, dass dabei Kohlenstoff
eine wichtige Rolle spielen dürfte. Das überraschte die Forscher wenig, handelt
es sich doch beim Kohlenstoff um ein sehr häufiges Element in unserer Milchstraße. Die detaillierteren Absorptionsstrukturen allerdings waren verwirrend:
Bei den Staubteilchen schien es sich um wenige Nanometer große kugelförmige
Teilchen zu handeln – wie sich die aus Grafit bilden sollen, war für Chemiker
kaum vorstellbar.

Im Gegensatz zu Kollegen von der geografischen oder biologischen Fakul-
tät können Astrophysiker leider nicht einfach am Ort des Geschehens Proben
nehmen; ihnen bleibt, neben Theorie- und Hypothesenbildung, nur die Labor-
simulation. Um sich den Sternenstaub ins Labor zu holen, versuchten
Wolfgang Krätschmer vom Heidelberger Max-Planck-Institut für Kernphysik
und Donald Huffman, der gerade für ein Auslandsjahr von der heimischen
Universität von Arizona an das Heidelberger Institut gewechselt hatte, die
Bedingungen des Weltalls zu simulieren. Sie modifizierten eine einfache
Kohlenstoffaufdampfanlage, wie sie in vielen Labors steht, für ihre Zwecke.
In einer Heliumatmosphäre von nur einem Torr Druck (der normale Luftdruck
beträgt 750 Torr) schickten sie einen starken elektrischen Strom durch zwei
zusammengedrückte Grafitstäbe, wobei sie die Bedingungen ständig ein
wenig veränderten (schließlich kennt auch niemand die genauen Bedingungen
im Zentrum unserer Milchstraße). Die Stäbe verdampften in dem sich dabei
bildenden Lichtbogen. Die Staubteilchen in dem Dampf kondensierten und
schlugen sich als Ruß im Innern der Apparatur nieder. Diesen Ruß wollten
Krätschmer und Huffman mit gängigen spektroskopischen Methoden unter-

Bild 1: Kohlenstoffverdampfungsanlage, mit der am MPI für Kernphysik in Heidelberg die Produktion von Fullerenen gelang (heute im Deutschen Museum in Bonn)

suchen, um eventuelle Ähnlichkeiten mit der interstellaren Lichtabsorption zu prüfen.

So leicht aber ließ sich die Milchstraße anscheinend doch nicht ins Labor zwingen. So oft die Wissenschaftler den Versuch auch durchführten, die Spektren ähnelten nur sehr entfernt denjenigen aus dem All. Neben den zu erwartenden Absorptionslinien von Grafit aber fand sich bei vielen Versuchen noch eine höchst merkwürdige zusätzliche Absorption, die sich mit Grafit nicht erklären ließ. „Wir konnten uns keinen Reim darauf machen – und hielten es für einen Dreckeffekt", erinnert sich Krätschmer – und ein näherer Blick auf die altertümliche Versuchsanlage schien ihm recht zu geben. „Zur Evakuierung benutzten wir Öldiffusionspumpen, und wenn da mal die Ventile nicht richtig schlossen, verbrannte qualmend Öl. Wir vermuteten, dass diese Extraabsorptionen irgendetwas mit diesem Dreck zu tun hatten." Versuch gescheitert – und damit vermutlich den Nobelpreis verschenkt, wie man im Nachhinein leicht sagen kann. Doch dazu später.

Akt zwei der Entdeckungsgeschichte der Fullerene gelangte zwei Jahre später zur Aufführung. Der britische Astrophysiker Harry Kroto interessierte sich vor allem für die „Roten Riesen" unter den Sternen: Sterne, die kurz vor ihrem „Ableben" stehen. Er hatte mittels hochentwickelter spektroskopischer Techniken herausgefunden, dass die Atmosphäre der roten Riesen aus langkettigen Molekülen von Kohlenstoff- und Stickstoffatomen bestehen könnte – Chemiker kennen solche Exoten als *Cyanopolyyne*. Auch in den interstellaren Gaswolken schien es solche Moleküle zu geben. Krotos Hypothese war, dass diese Moleküle in der Atmosphäre von Roten Riesen gebildet werden und wollte dies prüfen.

Dabei stand er vor dem gleichen Problem wie Krätschmer und Huffman: Hinfliegen und Proben nehmen geht nicht, daher blieb nur die Simulation. Harry Kroto wandte sich an Richard Smalley und Robert Curl an der Rice University in Houston, zwei Chemiker, die viel Erfahrung in Sachen Clusterchemie hatten. Als Cluster bezeichnen Chemiker eine charakteristische Aggregation von Atomen oder Molekülen. Vor allem wusste Kroto, dass sie über eine einzigartige Laserverdampfungsanlage verfügten, mit der sich alle erdenklichen Mate-

Bild 2:   Harry Kroto

Bild 3: Richard Smalley

Bild 4: Robert Curl

rialien in ein Plasma verwandeln ließen, was in der Regel zu Clusterbildung führt. Kroto glaubte, dass genau dies in der Nähe der Roten Riesen passieren könnte.

Mit Kohlenstoff allerdings hatten die texanischen Forscher noch nicht experimentiert. Sie hatten aber davon gehört, dass in den Forschungslabors des Mineralöl-Multis Exxon mit einer ähnlichen Anlage Kohlenstoff „plasmatisiert" wurde. Die Kollegen wollten dort neue katalytisch wirksame Substanzen finden und hatten berichtet, dass sich dabei eigentümliche Cluster aus 60 und 70 Kohlenstoffatomen gebildet hatten. Die waren allerdings nicht weiter zu gebrauchen und wurden daher nicht weiter beachtet. Kroto allerdings war über diese Zahlen gestolpert – unterstützten sie doch seine Hypothese von den langkettigen Kohlenstoffmolekülen, die seiner Ansicht nach in der Nähe der Roten Riesen gebildet wurden.

Smalley und Kroto machten sich im September 1985 daran, die Exxon-Versuche mit ihrer weiterentwickelten Anlage zu wiederholen. Tatsächlich entstanden bei der Laser-„verdampfung" Kohlenstoffcluster. Die Untersuchung mit dem Massenspektrometer zeigte, dass auffällig viele stabile Einheiten mit 60 und 70 Kohlenstoffatomen entstanden waren. Warum aber waren gerade diese Größen derart stabil? Würde es sich um lange Ketten handeln, wäre dies kaum erklärlich. „Wir zerbrachen uns den ganzen Tag lang den Kopf darüber, was das zu bedeuten hatte", erinnert sich Kroto, „am Ende waren wir uns einig, dass es sich um eine runde, käfigförmige Struktur handeln müsste." Psychologen, die sich mit dem Zustandekommen wissenschaftlicher Erkenntnisse beschäftigen, finden hier ein lehrbuchmäßiges Beispiel für Analogiebildung, wenn sie Krotos weiterer Erinnerung lauschen: „Mir fielen sofort die geodätischen Kuppelbauten des Architekten Buckminster Fuller ein, die ich auf der Weltausstellung in Montreal gesehen hatte."

Der von Fuller entworfene US-Pavillon „Raumschiff Erde" war die Attraktion auf der Expo 1967 – eine Kuppel von 76 Metern Durchmesser aus Sechs- und Fünfecken. Fuller hat damit im Prinzip den Aufbau eines normalen Fußballs kopiert, der ebenfalls aus Fünf- und Sechsecken zusammengesetzt ist. Dabei handelt es sich geometrisch um einen „abgeschnittenen" Ikosaeder, den Platon – der Fußballfreund wird's gern hören – zu den fünf „göttlichen Körpern" zählte. Der berühmte Mathematiker Leonard Euler hatte schon im 18. Jahrhundert bewiesen, dass man einen solchen Körper aus genau 12 Fünfecken und beliebig vielen Sechsecken bilden kann. Kroto und Smalley errechneten, dass es sich beim „C_{60}-Molekül" um 12 Fünfecke und 20 Sechsecke handelte – im Prinzip nichts anderes als eine zur Kugel gebogene Grafitfläche. Als Kugel hätte das Kohlenstoffmolekül enorme Stabilität, die spektroskopischen Ergebnisse wären erklärlich. Auch die Hinweise auf einen Kohlenstoffcluster

Bild 5: Von Buckminster Fuller konstruierte geodätische Kuppel auf der Expo 1967

mit 70 Molekülen wären verständlich. Aus energetischen Gründen sind derartige Kugeln immer dann stabil, wenn keine zwei Fünfecke aneinander grenzen. Bei C_{70} wäre diese Bedingung ebenfalls erfüllt – wobei eine solche Kugel eher wie ein Rugbyball aussehen würde. Noch am gleichen Tag tauften die Forscher das theoretische neue Molekül „Buckminsterfulleren", drei Tage später sandten sie einen Artikel an die Zeitschrift *Nature*, die ihn nach sorgfältiger Prüfung im November 1985 veröffentlichte.

Spekuliert worden war über eine solche mögliche Form des Kohlenstoffs schon früher – nun schien sie erstmals experimentell hergestellt worden zu sein. „Schien" deswegen, weil es sich bisher um eine bloße, wenn auch schlüssige, Hypothese Krotos und Smalleys handelte. Da sie mit ihrem Verfahren keine größeren Mengen der vermeintlichen molekularen Fußbälle herstellen konnten, ließ sich ihre Idee nicht durch eine direkte molekulare Strukturanalyse (Röntgen- oder Elektronenbeugung oder NMR-Spektroskopie zum Beispiel) beweisen. Der *Nature*-Artikel aber erregte einiges an Aufsehen, und natürlich lasen ihn auch Wolfgang Krätschmer und Donald Huffman, der mittlerweile wieder an sein Heimatinstitut nach Tucson in Arizona zurückgekehrt

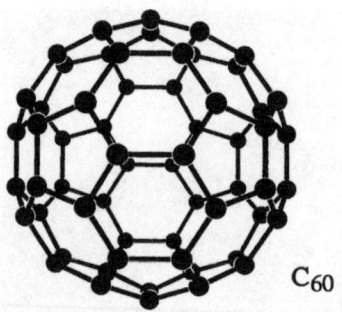

C_{60}

Bild 6: Struktur des C_{60}-Moleküls, Durchmesser 0,7 Nanometer (10^{-9}m)

Bild 7: Donald R. Huffman (links) und Wolfgang Krätschmer (rechts) in Huffmans Labor in Tucson, Arizona. Die Modelle hat Huffmans Sohn gebastelt

war. „Wir haben das natürlich mit Staunen zur Kenntnis genommen – aber ich hab' mir beim Lesen des Artikels nie vorstellen können, dass ich jemals irgendwas mit diesem wunderlichen C_{60}-Molekül zu tun haben würde", erzählt Krätschmer, „aber dann nahm mich auf irgendeiner Tagung Don Huffman beiseite und sagte: Also, das komische Spektrum, was wir damals gesehen haben, das könnte doch C_{60} sein." Krätschmer macht keinen Hehl daraus, dass er höchst ungläubig war. In ihrer museumsreifen Kohlenstoffverdampfungsanlage sollten sie das neue „Sensationsmolekül" erzeugt haben? Skeptisch machte ihn auch, dass Huffman schon eine ganze Weile vergeblich versucht hatte, in einer ähnlichen Anlage in Arizona die damaligen Ergebnisse zu reproduzieren. Aber wie es halt so ist, wenn man einen Dreckeffekt reproduzieren will – er tritt todsicher nicht auf, genauso wenig, wie sich der Fehler beim Auto dann zeigt, wenn man den Mechaniker konsultiert.

Letztlich aber gab Krätschmer Huffmans Drängen nach, entstaubte die alte Anlage auf dem Dachboden seines Instituts und setzte einen Praktikanten daran, die Versuche mit den Grafitstäben zu wiederholen. Der befolgte ausgiebig die Anweisung, die Versuchsbedingungen ständig zu variieren, und spielte an den Rädchen für Druck, Heliumkonzentration usw. herum – wobei er eigentlich alles falsch machte, was im Lehrbuch stand. So jagte er den Druck etwa auf für Weltraumbedingungen enorme 100 Torr hoch – normalerweise sollte man dabei eigentlich nur bis 20 Torr gehen. Bei diesem hohen Druck nun gab es tatsächlich regelmäßig den eigentümlichen, früher als Dreckeffekt abgetanen „Höcker" im Absorptionsspektrum. Krätschmer setzte nach diesen Vorversuchen seinen Doktoranden Konstatinos Fostiropoulos an die Sache, und bald war klar: Es handelte sich tatsächlich um C_{60}-Moleküle. „Uns war klar, dass wir dabei waren, eine sensationell simple Methode zur „Massenproduktion" von C_{60} zu finden", erzählt Krätschmer – allerdings blieb er zunächst vorsichtig, um sich nicht zu blamieren: „Zu dieser Zeit waren die ebenfalls sensationelle „Entdeckung" der kalten Fusion und der sich daraus entwickelnde Skandal noch als warnendes Beispiel in Erinnerung." Zwei Physiker hatten 1988 ihren Ruf ruiniert, indem sie vorschnell behauptet hatten, die Kernfusion sei ihnen im Reagenzglas gelungen, die Energieprobleme der Menschheit seien damit gelöst. Leider ließ sich das angeblich erfolgreiche Experiment nie reproduzieren.

Krätschmer wusste, dass er die eigentümlichen Moleküle förmlich in der Hand halten, vom übrigen Ruß trennen musste, um ihre Existenz wasserdicht beweisen zu können. Nach wenigen Versuchen fand er auch dafür eine verblüffend einfache Methode: Im Gegensatz zum normalen Ruß lösten sich die Fullerene in organischen Lösungsmitteln; sie ließen sich daher einfach mit Benzol oder Toluol auswaschen. Lässt man das Lösungsmittel verdunsten, liegen reine

Fullerenkristalle vor. Wie sich zeigte, bestanden bei einem Druck zwischen 100 und 200 Torr bis zu 20 % des in der Kohlenstoffverdampfungsanlage entstandenen Rußes aus Fullerenen, bei denen es sich wiederum zu etwa 80 % um C_{60} und zu 20 % um C_{70} handelte. Fullerene ließen sich nun endlich in wägbaren Mengen herstellen, die Strukturanalysen ermöglichten; Kroto und Smalley waren die ersten, die mittels NMR ihre Theorie beweisen konnten. Das „Krätschmer-Huffman-Lichtbogenverfahren" hatte endgültig seine Eignung zur Herstellung von Fullerenen bewiesen.

Dass es gerade die eigentlich fachfremden Physiker in Heidelberg waren, die eine solch simple Methode zur Herstellung der Fullerene fanden, hat sicher auch mit einer gerade durch die Fachfremdheit bedingten Unbekümmertheit zu tun. „Ein großer Chemiker, den wir konsultierten, sagte abfällig: Was ihr da vorhabt, das kann überhaupt nicht klappen", berichtet Krätschmer, „und tatsächlich ist es ja auch höchst merkwürdig, dass eine derart geordnete Struktur wie C_{60} bei einem solch chaotischen Prozess wie der Kohlenstoffverdampfung bei 3000 Grad entsteht." Durch zielgerichtete Überlegung jedenfalls wäre wohl niemand drauf gekommen, es auf diese Weise zu versuchen. Aber auch Krätschmer und Huffman fiel die Entdeckung nicht einfach so in den Schoß. Schließlich musste ihnen dafür erst einmal der „Dreckeffekt" in ihren ursprünglichen Versuchen aufgefallen sein. „Ich bin sicher, dass dieselben Spektren von etwa Hunderten von Leuten produziert wurden, und denen fiel nie was auf", bringt es Krätschmer auf den Punkt.

Endlich jedenfalls, 1990, hatten sie bewiesen, dass sie unwillentlich und unwissentlich schon 1983 eine Methode gefunden hatten, Fullerene günstig und in großem Maßstab zu erzeugen. Forscher in aller Welt waren begeistert. Das Fachblatt „Science" kürte C_{60} zum Molekül des Jahres 1991. Die flache Welt des Kohlenstoffs hatte plötzlich eine neue Dimension bekommen; sechzig Kohlenstoffatome, verknüpft mit konjugierten Einfach- und Doppelbindungen – die Chemiker hatten ein dreidimensionales „Superbenzol" vor sich. Und so wie das Benzol im wahrsten Sinne zum Grundgerüst der modernen Industriechemie wurde, könnten die Fullerene, so hofften die Forscher, ebenfalls eine neue Chemie begründen. „Wenn ich morgens aufstehe und an Fullerene denke, ist es mir, als sei das Benzol neu erfunden worden", schwärmte Richard Smalley. Während das Benzolmolekül nur sechs „Andockstellen" für potenzielle Molekülerweiterungen hat, bietet das bekannteste Fulleren gleich 30 ungesättigte Verbindungen für funktionelle chemische Gruppen. Fantastische Aussichten für den Chemiker: An jede „Ecke" des Fußballs ein Fluoratom gefügt, ergäbe etwa – theoretisch – eine Art „Superteflon". In die Fußbälle lassen sich auch andere kleine Atome einschließen, wenn man sie während der Kohleverdampfung dazugibt. Und umringt man Metallatome mit mehreren Fußbällen, entsteht ein Supraleiter, der elektrischen Strom schon bei relativ hohen Temperaturen widerstandslos leitet. Gleichzeitig schienen die Fullerene, je nach chemischem „Zusatz", auch als Halbleiter, Leiter oder Isoliermaterial zu taugen. Bald gelang es auch durch Hinzufügen geeigneter Seitengruppen, wasserlösliche Fullerene herzustellen – für pharmazeutische Anwendungen unabdingbar. Dabei blieben C_{60} und C_{70} nicht lange allein – die Forscher entdeckten einen ganzen Zoo von „Buckyballs".

Über ein Jahrzehnt nach der Entdeckung des Krätschmer-Huffman-Verfahrens allerdings ist eine gewisse Ernüchterung eingetreten. Der Weg zu konkreten technischen Anwendungen von Fullerenen erwies sich doch als steiniger als zunächst vermutet. Weit über hundert Patente gibt es, bei vielen allerdings leiden die Kohlenstoff-Fußbälle unter der „Gnade ihrer späten Entdeckung". Viele Anwendungen, für die sie sich eignen würden, sind bereits auf andere Weise realisiert. Überdies überleben viele Fullerene nicht lange, wenn sie mit Sauerstoff in Kontakt kommen. Die wundersamen Fußballmoleküle sind nach wie vor vor allem ein spannendes Gebiet chemisch-physikalischer Grundlagenforschung. Und die hat wohl selten ein völlig neues chemisches Gebiet in derart rasanter Geschwindigkeit beackert. Von Kekulés erster Beschreibung des Benzolrings bis zu ersten chemischen Anwendungen jedenfalls dauerte es sehr viel länger. Ob und wann die Fullerene in der Zukunft doch noch ihren Durchbruch in der Anwendung erleben, steht allerdings in den Sternen.

Apropos: Woraus der Staub in unserer Galaxis besteht, haben weder Krätschmer noch Kroto herausbekommen. „Unsere Entdeckung, so interessant sie auch war, hat für die eigentliche Aufgabenstellung, nämlich die Erforschung des interstellaren Staubes, keine Resultate gebracht", stellt Krätschmer augenzwinkernd fest – wohl wissend, dass in diesem Fall das Nebenprodukt den weitaus größeren wissenschaftlichen „Impact" hatte. Als allerdings 1996 der Chemie-Nobelpreis für die Entdeckung der Fullerene vergeben wurde, gingen Krätschmer und Huffman leer aus. Wieder einmal erwies es sich als Anachronismus, dass nur drei Forscher die Auszeichnung gemeinsam erhalten können. Unweigerlich bleiben dabei heutzutage, im globalisierten Forschungsbetrieb, stets Forscher auf der Strecke, die ebenfalls Maßgebliches zu der Entdeckung beigetragen haben.

23
Die älteste Rundfunksendung der Welt

Wilson und Penzias spüren den Nachhall des Urknalls auf

Mit Astrophysik hat auch die letzte Geschichte dieses Buches zu tun, allerdings fällt sie ein wenig aus dem Rahmen. Während die bisherigen Kapitel meist davon handelten, wie Grundlagenforschung zu etwas Nützlichem geführt hat, ist es in der folgenden Geschichte gerade umgekehrt: Ein Instrument, für eine konkrete Anwendung entwickelt, ermöglichte eine epochale Entdeckung im Bereich der „reinen" Wissenschaft. Die Anfänge der Satellitenkommunikation machten hochentwickelte neue Empfangsgeräte notwendig. Die Bell Laboratories, Forschungsabteilung des führenden amerikanischen Telefonkonzerns AT&T, beteiligten sich mit den weltweit empfindlichsten Antennen an den Tests der ersten Kommunikationssatelliten. Als die Astrophysiker Arno Penzias (*1933) und Robert Wilson (*1936) nach Abschluss der Satellitenversuche das teure Equipment für astronomische Forschungen nutzten, stießen sie auf ein unerklärliches Hintergrundrauschen, das sie nicht in den Griff bekamen. Bald stellte sich heraus, dass sie zufällig die älteste Radiosendung der Geschichte empfangen hatten – den Nachhall des Urknalls bei der Entstehung der Welt.

Es war Sonntag, der 27. April 3877 vor Christus, als Gott die Welt erschuf –
und zwar um 11 Uhr vormittags. Der große Physiker und Astronom Johannes
Kepler errechnete diesen Termin vor 400 Jahren nach gründlichem Bibelstudi-
um. Auch wenn ein paar Jahrzehnte später Erzbischof Usher von Canterbury
den Termin nach Hinzuziehung weiterer Quellen auf den 23. Oktober 4004,
6 Uhr morgens, korrigierte: Theologen wie Naturwissenschaftler gingen
lange von einem viel zu jungen Weltalter aus. Mit der Entwicklung der exakten
Wissenschaften im 18. und 19. Jahrhundert musste der Weltengeburtstag
immer weiter rückdatiert werden, bis sich die Experten auf einen Termin vor
etwa 15 Milliarden Jahren einigten – genauere Uhrzeit unbekannt.

Auch über die Art der Entstehung des Universums herrscht heute weit
gehende Einigkeit. Zeit, Raum und die gesamte ihn erfüllende Materie entstanden in einer gigantischen Explosion, dem Urknall. Was heute im Physikunter-
richt gelehrt wird, wäre noch vor 80 Jahren als aberwitzige, blasphemische Idee
abgetan worden. Das Universum, so glaubten damals auch aufgeklärte Wissenschaftler, hat schon immer existiert und würde auch bis in alle denkbaren Zeiten existieren. Ende der 1920er-Jahre aber machte der amerikanische Astronom
Edwin Hubble eine Entdeckung, die im wahrsten Sinne neues Licht auf die
Entstehung der Welt warf. Schon früher hatten Astronomen festgestellt, dass
sich die meisten Galaxien in unserem Universum von uns weg bewegen. Sie
schlossen dies aus der „Rotverschiebung" ihres Lichts. So, wie der Pfeifton
einer Lokomotive tiefer klingt, wenn sie sich von uns weg bewegt („Doppler-
Effekt"), verschiebt sich das Licht eines Sterns in Richtung rot (= langwellig),
wenn er sich von uns entfernt. Hubble nun stellte fest, dass sich die Galaxien
umso schneller von uns entfernen, je weiter sie entfernt sind. Wenn Galaxie
A doppelt so weit von uns entfernt ist wie Galaxie B, dann entfernt sich Galaxie
A doppelt so schnell von uns wie Galaxie B. Stellt man sich das Weltall wie
einen aufgehenden Hefeteig mit Rosinen als „Sterne" vor, wird diese Beobachtung, die als „Hubble-Effekt" in die Astronomie einging, verständlich: Ein auf
irgendeiner Rosine stehender Beobachter hätte den Eindruck, dass sich beim
Aufgehen des Teiges alle anderen Rosinen von ihm entfernen, und zwar
umso schneller, je weiter sie von der eigenen Rosine entfernt wären. Auf welcher
Rosine sich der Beobachter befindet, wäre unerheblich – der Effekt wäre im
ganzen Teig der gleiche. Hubbles Beobachtung hatte eine recht bizarr anmu-
tende Konsequenz: Wenn sich das Weltall ausdehnt, muss es irgendwann mal
einen Zeitpunkt gegeben haben, an dem seine gesamte Materie in einem
Punkt konzentriert war, und der musste dann förmlich „explodiert" sein.

Der russisch-amerikanische Physiker George Gamov war 1948 der Erste,
der die Konsequenzen der Beobachtungen Hubbles auf den Punkt brachte.
Indem er Hubbles Daten zurückrechnete, kam er auf einen Zeitpunkt vor

etwa 15 Milliarden Jahren, an dem es eine solche „Explosion" gegeben haben musste. Seine Theorie schien den Kollegen zunächst allerdings derart fantastisch, dass Widerspruch nicht ausblieb. Der britische Astrophysiker Fred Hoyle setzte Gamovs Theorie ein konkurrierendes Gedankengebäude entgegen, das ebenfalls alle Phänomene erklären konnte und ohne „Knalleffekt" auskam. Nach seiner Steady-State-Hypothese dehnte sich das All zwar tatsächlich aus, Materie aber wird ständig spontan nachgebildet. Dies geschehe so langsam, dass es nicht bobachtbar sei. Bis zu seinem Tod im August 2001 blieb Fred Hoyle der wohl überzeugteste (und am Ende sehr einsame) Gegner der Urknalltheorie – und ironischerweise ihr Namensgeber. Hoyle nämlich war es, der, als Verballhornung von Gamovs Theorie, in einem BBC-Interview den Begriff „Big Bang" prägte.

Da zunächst keine der beiden Theorien durch empirische Daten gestützt werden konnte, blieb die Physikergemeinde unentschieden, welcher Theorie man zustimmen solle. Vielen war Gamovs Hypothese schon deswegen nicht geheuer, weil der in Odessa geborene und in Washington D. C. lehrende Physiker als, vorsichtig gesagt, schillernde Figur in der Physikerszene und Liebhaber von Skurrilitäten galt. So führte er als Autoren einer Veröffentlichung sich selbst, Ralph Alpher und den daran völlig unbeteiligten Ralph Bethe an, damit sich die Autorenliste wie Alpha, Beta, Gamma las. In einer anderen Arbeit nannte er einen gewissen C. G. H. Tompkins als Co-Autor – den fiktiven Helden eines erfolgreichen Romans. Nach und nach allerdings stimmten immer mehr Kosmologen der ohne mystische Neuschöpfung von Materie auskommenden Theorie Gamovs zu. Sie besaß im Gegensatz zur Steady-State-Theorie den Charme, dass es zumindest theoretisch empirische Belege für sie geben könnte. Gamov hatte postuliert, dass der Urknall von einer intensiven Strahlung von etwa 10 Milliarden Kelvin begleitet gewesen sein müsse. Im Laufe der Jahrmilliarden, so postulierte Gamov, dürfte diese sich zwar enorm abgekühlt haben; sie müsste aber immer noch als gleichmäßige Hintergrundstrahlung von etwa 5 Kelvin nachweisbar sein, die aus allen Richtungen gleichmäßig auf die Erde eintrifft.

Dazu muss man wissen, dass für Physiker „Temperatur" und „Strahlung" äquivalent sind. Schon im 19. Jahrhundert hatten sie diese Zusammenhänge an einem alltäglichen Strahlungsobjekt in der Küche beobachtet. Ein Herd glüht bei ein paar hundert Grad Hitze rot, bei ein paar tausend Grad weiß. Das menschliche Auge nimmt nur einen bestimmten Ausschnitt aus dem elektromagnetischen Spektrum war, daher sieht man einem Ofen mit, sagen wir, 20 Grad Celsius seine Temperatur nicht an. Dennoch strahlt auch er – im Infrarotbereich. Mit geeigneten Sensoren ließe sich das auch messen. Auch bei noch tieferen Temperaturen, weit unter null Grad Celsius, sendet ein Ofen Strahlung aus. Auch wenn bisher wohl kaum jemand die Strahlung eines tiefgekühlten Küchenherdes gemessen hat, wäre dies theoretisch möglich: Sie läge im Bereich von Radiowellen, dem extrem langwelligen Anteil des elektromagnetischen Spektrums. Jeder Körper, dessen Temperatur oberhalb des absoluten Nullpunkts von minus 273 Grad Celsius (oder 0 Kelvin) liegt, emittiert Strahlung. Und natürlich lässt sich nicht nur Temperatur in Form von Strahlung messen und ausdrücken, sondern auch umgekehrt Strahlung in seiner äquivalenten Temperatur. Eben dies tun Physiker, wenn sie von „Strahlung im Bereich 5 Kelvin" sprechen. Ende der 1940er-Jahre allerdings war es praktisch unmöglich, Strahlung mit einem derart niedrigen Temperaturäquivalent zu messen, ein Beleg für die Urknalltheorie war also zwar theoretisch, nicht aber praktisch möglich.

Ob Urknall, Steady-State oder Hintergrundstrahlung – kosmologische Grundsatzfragen waren Anfang der 1960er-Jahre sicher nicht das bevorzugte Kantinengespräch bei den Bell Laboratories im amerikanischen Holmdel in der Nähe von New York. *Echo* und *Telstar* hielten die Ingenieure in Atem – die ersten Kommunikationssatelliten, die mit ihren ausschließlich zu Testzwecken ausgestrahlten Piepssignalen das Zeitalter der weltumspannenden Satellitenkommunikation einleiten sollten. Die seinerzeit führende Telefonfirma der Welt scheute weder Kosten noch Mühen, um auch bei der sich abzeichnenden neuen Übermittlungstechnik vorn dabei zu sein. Der Satellit *Echo* war nichts anderes als ein mit Aluminium verkleideter Polyesterballon, der in seiner Umlaufbahn auf 30 Meter Durchmesser aufgeblasen wurde und als passiver Radiowellenreflektor diente. Um seine erwartungsgemäß extrem schwachen Reflexionen auffangen zu können, bastelten die Bell-Techniker den weltweit empfindlichsten Radioempfänger. Die in Crawford Hill bei Holmdel gebaute Anlage hatte ein extrem niedriges, bisher nie erreichtes Grundrauschen, und auf ausgeklügelte Weise wurde die Antenne gegen eventuelle Störsignale von der Erde abgeschirmt.

Nachdem die Experimente mit *Echo* und mit dem ersten aktiven Kommunikationssatelliten *Telstar* erfolgreich abgeschlossen waren, drohte der Superantenne plötzliche Arbeitslosigkeit. Bei den Bell Labs erinnerte man sich einer alten Tradition, nicht nur technische Entwicklungen voranzutreiben, sondern auch Grundlagenforschung zu betreiben. Schon häufig hatten sich interessante Querverbindungen ergeben. Die Antenne von Crawford Hill gab ein hervorragendes Instrument für die Radioastronomie ab, und aus Astrophysikerkreisen waren bereits Begehrlichkeiten auf das schmucke Instrument zu vernehmen. Und gerade zur Radioastronomie hatten die Bell Labs ein ohnehin sehr nahes Verhältnis. Über die Tatsache nämlich, dass Sterne Radiowellen aussenden und damit weit mehr von sich verraten als im sichtbaren Bereich des elektromagnetischen Spektrums, war ebenfalls ein Bell-Techniker gestolpert – ebenfalls zufällig. Die Bell-Ingenieure wollten ihr Ende der 1920er-Jahre aufgebautes transozeanisches Funktelefonsystem verbessern. Der junge Elektrotechniker Karl Jansky sollte dem Rauschen auf die Spur kommen, das die Radioübertragung vor allem bei längeren Strecken extrem störte. Jansky machte die verschiedensten atmosphärischen Bedingungen, vor allem Gewitter, als Hauptstörquellen aus, daneben aber auch „eine gleich bleibende zischende Störung, deren Ursprung unbekannt ist", wie er in seinem Bericht schrieb. Seine Neugier ließ ihm allerdings keine Ruhe. Nachdem er alle erdenklichen irdischen Quellen ausschließen konnte, deutete alles daraufhin, dass das Rauschen aus dem Weltall kam. Zunächst glaubte Jansky, die Sonne als Quelle ausmachen zu können. Nach einiger Zeit aber stellte er fest, dass sich die eigentümliche Störungsquelle Tag für Tag ein Stückchen weiter von der Sonne entfernte und im Laufe des Jahres über den Himmel wanderte. Nachdem er die Sache mit einem befreundeten Astronomen diskutiert hatte, war er sich sicher, dass die Störung nicht aus unserem Sonnensystem, sondern direkt aus dem Zentrum unserer Galaxis, der Milchstraße, kommen musste. Jansky schrieb darüber einen kleinen Fachartikel und brachte es mit seinem „Sternenrauschen", wie er es nannte, sogar auf die Titelseite der New York Times. Die Astronomen allerdings erkannten die Chancen, die ihnen dieses neue Fenster ins Universum bieten könnte, noch nicht; und da Jansky von seinem Arbeitgeber nicht zum Sternengucken angestellt war, wandte er sich wieder seiner Radioübertragungstechnik zu.

Doch zurück nach Crawford Hill Anfang der 1960er-Jahre. Seinerzeit hatte sich die Idee der Radioastronomie längst etabliert, und die Bell-Verantwortlichen sahen darin ein sinnvolles Forschungsgebiet als Ergänzung ihrer anwendungsorientierten Aktivitäten. 1961 heuerten sie den deutschstämmigen Physiker Arno Penzias an, der an der Columbia University als Doktorarbeit einen Verstärker für die Radioastronomie gebaut hatte. Zwei Jahre später gab man dem jungen Astrophysiker Robert Wilson vom California Institute of Technology einen Vertrag. Mit der ausgedienten Antenne in Crawford Hill sollten sie schwache Radioquellen in unserer eigenen Galaxis näher untersuchen. Als ehrgeizige junge Wissenschaftler – beide waren noch keine 30 Jahre alt – wollten sie die Antenne dafür noch weiter verbessern, ihr Grundrauschen so weit wie möglich eliminieren. Da sie eine Weile nicht benutzt worden war, standen zunächst umfangreiche Aufräumarbeiten an; sämtliche Verkabelungen der Anlage wurden erneuert. Aber trotz aller Sorgfalt ließen sich einige Störquellen nicht beseitigen. Auch die beste Elektronik hatte ein geringes Grundrauschen, trotz aller Abschirmung wurden Störungen aus der Erdatmosphäre und den nahen Großstädten aufgefangen, und als besonders „hässliche" Störung galten die Radarstationen der Flughäfen. Penzias und Wilson versuchten systematisch, all diese Störquellen auf ein Minimum zu reduzieren.

Radarsignale ließen sich leicht dadurch von natürlichen Quellen unterscheiden, dass sie in charakteristischen Pulsen auftreten. Dem übrigen irdischen Einfluss ging man zum einen dadurch weitgehend aus dem Weg, dass man die Kalibrierungstests im Wellenlängenbereich von 7 cm durchführte – die Frequenz, auf der die *Echo*- und *Telstar*-Signale lagen, die aber auf der Erde technisch nicht genutzt wird und auf der es auch kaum bekannte Radiostrahler im All gibt. Die verbleibenden Störquellen aus der Atmosphäre wollte man mit einem Trick aus den Signalen quasi herausrechnen. Die Antenne wurde zunächst auf den Horizont gerichtet, wo der Effekt derartiger Einflüsse wegen des langen Weges sehr groß ist, und anschließend direkt nach oben, wo es die kleinste Schicht Atmosphäre bis zum Weltall gibt. Aus dem Vergleich

Bild 1: Robert Wilson und Arno Penzias vor dem Radiowellen-Empfänger von Crawford Hill

ergab sich, dass die Atmosphäre etwa 2,3 K zum Grundrauschen beitrug. Blieb noch das Rauschen des Empfängers an sich. Wilson und Penzias bastelten sich dafür eine Antennenattrappe, mit den gleichen Bauteilen wie das Original, und kühlten sie mit flüssigem Helium auf 5 K herunter. Was an dieser Attrappe noch rauschte, wurde ebenfalls von der empfangenen Strahlung abgezogen. Alles in allem rechneten die Forscher vor ihren ersten Versuchen damit, dass sich etwa 3,5 K als Grundrauschen nicht vermeiden lassen würden.

Wie die ersten Messungen ergaben, lagen die tatsächlichen Werte viel höher – bei etwa 7,5 K. Eine Erklärung dafür ließ sich beim besten Willen nicht finden. Die Suche nach Störquellen ging weiter. Penzias und Wilson entdeckten, dass sich ein Taubenpaar in der Antenne eingenistet hatte und sie mit „einer weißen, dielektrischen Substanz", wie es in einem Bericht euphemistisch heißt, verschmutzt hatte. Die Tauben wurden ein paar Kilometer weiter verfrachtet, ihre Überbleibsel entfernt. Leider kamen sie mehrfach zu ihrem vermeintlichen Nest zurück, woraufhin sie „dauerhaft entfernt" wurden. Trotz penibler Reinigung der Anlage änderte das nichts am Grundrauschen. Jede Lötstelle, jede Verbindung wurde sorgfältig mit Aluminiumfolie und Isolierband abgeschirmt – ohne Erfolg. „Eines Tages unterhielt sich Arno mit Bernard Burke vom MIT über unser unerklärliches Rauschen", erinnert sich Robert Wilson in seiner Nobelpreisrede. Burke fiel daraufhin ein Vortrag an der Johns Hopkins Universität in Baltimore ein, über den er einen Kollegen hatte berichten hören. Der „Flurfunk", so zeigt sich daran, ist auch unter Wissenschaftlern manchmal das schnellste Medium – filtert er doch das „Rauschen" der Flut von Veröffentlichungen heraus, da nur die wirklich wichtigen Dinge schnell von Mund zu Mund wandern. In diesem Vortrag jedenfalls hatte Jim Peeble von der Universität Princeton die astrophysikalischen Forschungen seines Instituts vorgestellt. Nur wenige Meilen entfernt von den Bell Labs in Holmdel, New Jersey, beschäftigten sich die beiden Astrophysiker Robert Dicke und Jim Peebles mit Konsequenzen aus der Urknalltheorie. Dicke verfolgte seine Theorie eines oszillierenden Universums, das eine unendliche Folge von Ausdehnungen und Zusammenziehungen durchläuft. Peebles hatte detaillierte Berechnungen angestellt, zu welchen Temperaturen es „jeweils" beim Urknall kommen musste, um die während der jahrmilliardenlangen Expansion des Universums entstandenen schweren Elemente zu zerstören, damit ein „frischer", neuer Zyklus beginnen konnte. Weder Peeble noch Dicke kannten die groben Schätzungen, die Gamov und seine Kollegen 20 Jahre vorher angestellt hatten, landeten aber bei ganz ähnlichen Ergebnissen. Vom Urknall müsste noch ein „Nachhall" von höchstens 10 Kelvin übrig sein, der aus allen Richtungen zu empfangen sein müsste. Die Forscher aus Princeton hatten auch schon eine Antenne aufs Dach ihres Instituts geschraubt, mit der sie nach dieser Hintergrundstrahlung suchen wollten – bisher allerdings ohne Erfolg. Wilson rief sofort in Princeton an und lud die Kollegen nach Holmdel ein. Und es dauerte nicht lange, da wurde allen Beteiligten die Tragweite des unerklärlichen Rauschens der Anlage in Crawford Hill bewusst. „Wir waren schon mal froh, dass wir endlich überhaupt eine Erklärung für das Rauschen hatten, und dann auch noch eine mit derartigen Implikationen für die Kosmologie", erinnert sich Wilson. Die Wissenschaftler hatten dem Nachhall des Urknalls gelauscht – einer Radiosendung, die vor 15 Milliarden Jahren ausgestrahlt worden war.

Die Forscher kamen überein, gleichzeitig zwei Artikel an das Astrophysical Journal zu schicken. In einem legten Dicke und seine Gruppe aus Princeton die Theorie der Hintergrundstrahlung als Überbleibsel des Big Bang dar, in dem anderen (mit dem unhandlichen Titel „ A Measurement of Excess Temperature at 4,080 Megacycles per second") beschrieben Wilson und Penzias ihre Messungen und schlugen als mögliche Erklärung die Rechnungen vor, die Dicke und seine Mitarbeiter geliefert hatten. Schon den Gutachtern der Zeitschrift war sofort klar, dass hier eine der wichtigsten Entdeckungen der Astronomie zur Publikation anstand. Wilson und Penzias hatten erdrückende empirische Indizien geliefert, dass es den Urknall gegeben hat. Wenig später bestätigten Messungen in Princeton und an anderen Stellen, dass es tatsächlich eine völlig gleichförmige Hintergrundstrahlung von 3 K gibt, die von der Geburt der Welt zeugt.

George Gamov erlebte diesen Beweis seiner Theorie aus den 1940er-Jahren noch. Den Physik-Nobelpreis allerdings erhielten Arno Penzias und Robert Wilson erst im Jahre 1978 – fünf Jahre nach dem Tod ihres Vordenkers. Beide blieben weiterhin bei den Bell Laboratories, betrieben allerdings nur noch etwa zur Hälfte ihrer Zeit Radioastronomie; in der anderen Hälfte setzte sie ihre Firma dann doch endlich für „Brauchbareres" ein ...

24
Epilog: Entdeckungen nach Rezept?

Wie sich die Chancen auf einen Treffer erhöhen lassen

Die Geschichten in diesem Buch haben in verschiedenen Variationen gezeigt, dass der wissenschaftliche Fortschritt nicht im Detail planbar ist. Überraschende, nicht geplante Ergebnisse haben die Wissenschaft quer durch ihre Geschichte begleitet; eine Fülle epochemachender Entdeckungen hatte niemand vorher auf der Rechnung. Gleichzeitig wurde aber auch deutlich, dass der Zufall keineswegs wie ein Blitz aus heiterem Himmel zuschlägt. Er muss sein Gegenstück in einem „vorbereiteten Geist" finden, um zu einer Entdeckung zu werden. Natürlich drängt sich da die Frage auf, ob sich denn nicht die Bedingungen optimieren lassen, unter denen überraschende, zukunftsweisende Ergebnisse zu erwarten sind. Wenn es denn schon kein fertiges „Rezept" für erfolgreiche Forschung gibt — lassen sich denn wenigstens die notwendigen Zutaten bestimmen?

Für den Chemiker Paul Ehrlich lag die Lösung auf der Hand: „Wissenschaftliche Entdeckungen hängen von den vier Gs ab", glaubte er, „Geld, Geduld, Geschick und Glück." Dem lässt sich, in all seiner Allgemeinheit, schwerlich widersprechen. Allerdings — man hätte es doch gern etwas konkreter. Geduld, Geschick und Glück sind ausführlich Gegenstand der Geschichten dieses Buches. Dazu noch der „vorbereitete Geist" und die ständige Bereitschaft, seine Arbeitshypothesen infrage zu stellen, und man hat auf der Seite des Forschers schon einen Großteil notwendiger Ingredienzien beisammen. Bleibt die andere Seite – die der Geldgeber, Paul Ehrlichs viertes G. Welche Art von Forschung, so fragen sich berechtigterweise staatliche und industrielle Forschungsmanager, verspricht die reichste Ernte? Da der Versuch, Forschung zu dirigieren, einen Großteil interessanter Ergebnisse ausblenden würde – die Beispiele in diesem Buch sprechen für sich –, scheint also alles an einer gewissen „Mischkalkulation" zwischen ergebnisoffener, zweckfreier Grundlagenforschung und angewandten Forschungsprojekten zu hängen. „Die Wissenschaft gleicht einem Baum. Natürlich soll dieser Früchte tragen, aber daraus folgt nicht, dass man auf die Blätter verzichten kann, nur weil sie nicht geerntet werden können", glaubt auch Hubert Markl, ehemaliger Präsident der Deutschen Forschungsgemeinschaft und der Max-Planck-Gesellschaft.

Arthur Kornberg, Biochemiker und Nobelpreisträger des Jahres 1959, fasst den gleichen Sachverhalt in eine Parabel: Ein Chirurg joggt um einen See und sieht, wie ein Mann zu ertrinken droht. Sofort springt er ins Wasser, zieht den bereits Bewusstlosen heraus und belebt ihn wieder. Nachdem er ein kurzes Stück weiter gejoggt ist, sieht er einen zweiten Mann mit dem Ertrinken kämpfen. Auch ihn holt er nach einer beherzten Rettungsaktion zurück ins Leben. Kurz darauf sieht er zwei weitere Männer im Wasser verzweifelt um Hilfe schreien. Gleichzeitig sieht er einen Kollegen, Professor der Biochemie, gedankenversunken am Ufer stehen. „Warum in Gottes Namen tun sie nichts?", herrscht er den Kollegen an. „Ich tue ja etwas", entgegnet der Biochemiker, „ich versuche herauszufinden, wer die armen Leute in den See wirft." Was Kornberg in dieser Parabel für den Bereich der Medizin skizziert, gilt entsprechend für die gesamte Wissenschaft. Nur das Zusammenwirken von konkreter Problemlösung und dem von den konkreten Problemen losgelösten Nachdenken über grundsätzliche Fragen bringt die Wissenschaft voran.

Wie viele Biochemiker und wie viele Chirurgen es aber für ein optimales Ergebnis braucht, kann Kornberg nicht präzisieren, und auch Hubert Markl, immerhin einer der führenden Forschungsmanager Deutschlands, würde kaum eine genaue Zahl nennen können und wollen, wie das Verhältnis von Blättern zu Frucht an seinem „Baum der Wissenschaft" aussehen muss, um eine reiche Ernte zu garantieren. Das aber ist nicht ganz unwichtig: Auf der einen Seite nämlich lassen zu wenig Blätter die Fruchtbildung gar nicht erst in Gang kommen, weil die nötige Energiezufuhr fehlt; ein Zuviel an Blättern aber kann dazu führen, dass sich nur kleine Früchte entwickeln, weil die ganze Kraft ins Grün schießt. Nur der gezielte Schnitt des erfahrenen Gärtners führt zu optimalen Erträgen. Leider aber ist die Wissenschaft keine Baumschule, ihr Wachstum lässt sich gerade nicht nach genau vorhersagbaren Regeln bahnen. Zumindest in Ansätzen dürfte daher auch für die Forschungsförderung gelten, was ursprünglich auf die Werbung gemünzt war: „Die Hälfte des Geldes, das man in sie investiert, ist zum Fenster rausgeworfen – man weiß leider nur nicht, welche."

Auch wenn die Lage vielleicht nicht ganz so ernüchternd ist und nicht wirklich die Hälfte des Geldes unweigerlich in völlig ergebnislose Forschung fließen muss: Forschungsförderung wird sich nie linear daran messen lassen können, was sie an verwertbaren Dingen beschert. Auch Forschung, die definitiv zeigt, dass etwas nicht funktioniert, ist nützlich – ganz zu schweigen von dem in gar keiner Weise in Euro und Cent bezifferbaren Erkenntnisgewinn als solchem, den die Menschheit seit Urzeiten anstrebt. Auch die Blätter an Markls Baum der Wissenschaft sind schließlich, wenn vielleicht auch nicht verkäuflich, keineswegs immer „nutzlos".

Die Unterscheidung erfolgversprechender von weniger aussichtsreicher Forschung ist eine kaum vollständig beherrschbare, hohe Kunst, für die es keine endgültige Erfolgsgarantie gibt. Und so wird zumindest die Grundlagenforschung immer einen Hauch von Poolbillard beim ersten Stoß behalten: mit der weißen Kugel beherzt auf die aufgestellten übrigen Kugeln halten – die eine oder andere wird schon ins Loch purzeln, auch wenn man vorher nicht genau sagen kann, welche es sein wird. Natürlich aber kann man zuvor darauf achten, die Kugeln sorgfältig aufzustellen, für eine konzentrierte Atmosphäre zu sorgen – und natürlich gut zu überlegen, wem man den Queue überlässt; so mancher Spieler nämlich verreißt schon beim Anstoß den Stab. Im weiteren Verlauf des Spiels sollte dann allerdings doch hin und wieder ein gezielter Stoß gelingen (wiewohl so mancher weniger virtuose Queue-Künstler eine Weile mit dem einen oder anderen Zufallstreffer im Spiel bleiben kann).

Was beim Billard das Training, ist in der Wissenschaft der vorbereitete Geist. Tipps dafür, wie sich der schärfen lässt, kommen in jüngster Zeit aus der Wissenschaft selbst. Die kognitive Psychologie – eine vor allem in den USA populäre Disziplin, die sich mit den Denkprozessen beschäftigt, die wir beim Lösen von Problemen anwenden – beschäftigt sich zunehmend auch mit dem Denken der Wissenschaftler. Ihre Ergebnisse erlauben Rückschlüsse darauf, welche Strategien am Erfolg versprechendsten sind, um einen Treffer zu landen.

Der kanadische Psychologe Kevin Dunbar zum Beispiel hat ein Jahr lang die Arbeit in vier molekularbiologischen Forschungsinstituten minuziös begleitet. Er führte standardisierte Interviews, bekam Einblick in sämtliche Laborbücher und Aufzeichnungen der Wissenschaftler. Vor allem aber nahm er mit Videokamera und Kassettenrecorder an vielen Laborbesprechungen teil, in denen es zu mehreren wichtigen Entdeckungen kam. Seine Ergebnisse sind eine wahre Fundgrube an Hinweisen auf den Erkenntnisprozess in den Wissenschaften. „Die wichtigsten Entdeckungen werden heute in den Teambesprechungen gemacht", resümiert Dunbar, „den einsamen Wissenschaftler, der nächtens unter der Glühbirne seinen Studien nachgeht und dann plötzlich ein Heureka-Erlebnis hat, gibt es so gut wie nicht mehr; Forschung ist heute Teamarbeit." Eine Konsequenz daraus: Jeder Projektleiter ist nur so gut wie seine Mannschaft, und die will sorgfältig zusammengestellt sein. Dunbar nämlich fand auch heraus, dass Probleme schneller gelöst wurden, wenn die Mitglieder der Gruppe verschiedene fachliche Hintergründe hatten. Nur so konnte sich ihr Fachwissen, wie bei einem Puzzle, zu einem neuen, größeren Ganzen ergänzen. Kamen alle Forscher einer Gruppe aus einem „Stall", waren sie Experten auf dem gleichen Fachgebiet, ging die Problemlösung kaum schneller, als wenn sich ein einzelner Forscher an die Lösung machte.

Darüber hinaus fiel Dunbar bei seinen Untersuchungen noch etwas auf, was die vorstehenden Kapitel dieses Buches bereits angedeutet haben: Unerwartete Ergebnisse von Experimenten sind im Forschungsalltag keinesfalls selten. Über die Hälfte aller von ihm ausgewerteten Versuchsergebnisse waren unerwartet und stützten nicht die Ausgangshypothese, und in 22 von 70 Fällen waren es sogar völlige Überraschungen. Natürlich spiegelte sich das auch in den Gesprächsthemen der Labor-Meetings wider. 179 Mal wurde über Unerwartetes und nur 42 Mal über Erwartetes debattiert, hielt Dunbar akribisch fest. „Es scheint geradezu Sinn und Zweck der Labortreffen zu sein, über unerwartete Ergebnisse zu diskutieren", glaubt der Psychologe. Kein Wunder – über Erwartetes muss ja auch nicht groß diskutiert werden, könnte man einwenden. Interessant ist aber die Art und Weise, wie die Wissenschaftler versuchten, mit den unerwarteten Ergebnissen umzugehen. In aller Regel wurde nicht versucht, sie als „Dreckeffekt" wegzudiskutieren. Die Forscher bemühten sich, Erklärungen dafür zu finden, wobei fast immer nach Analogien zu bisherigen Forschungsergebnissen gesucht wurde.

Das Bilden von Analogien zu etwas bereits Bekanntem haben Psychologen schon lange als wichtiges Element des Erkenntnisfortschritts ausgemacht – ob in der Wissenschaft oder im Alltag. Lange dachte man, dass es in der Wissenschaft vor allem so genannte „entfernte" Analogien sind, die Erkenntnisfortschritt bringen – etwa das Bild unseres Sonnensystems, das Ernest Rutherford bei der Entwicklung seines Atommodells auf die Sprünge geholfen haben soll, oder auch die sich in den Schwanz beißende Schlange, die August Kekulé auf die Struktur des Benzols brachte. Dunbar dagegen stellte eindeutig fest, dass es fast immer „nahe" Analogien, Analogien aus dem gleichen Fachgebiet waren, die den Forschern weiterhalfen. Ging es etwa um die Funktion eines Gens bei einem Virus, so klopften die Forscher die Funktionen ähnlicher Gene in anderen Viren ab, um des Rätsels Lösung zu finden. Was hier in wissenschaftlicher

Form erneut auftaucht, ist nichts anderes als der „vorbereitete Geist" Pasteurs: Wer sich gut auf seinem Gebiet auskennt, hat auch viele Vergleichsfälle und findet daher eher die Lösung. Nebenbei bemerkt leugneten fast alle Wissenschaftler nachträglich, Analogien bei der Problemlösung verwendet zu haben, obwohl Dunbar alles minuziös dokumentiert hatte. Dies, glaubt Dunbar, erkläre so manches vorgebliche „Heureka"-Erlebnis: Die Forscher kramten einfach unbewusst in ihrer Erinnerung und fanden die Lösung.

Eine solche Sichtweise übrigens wird von einigen Kollegen Dunbars unterstützt, die in ausgeklügelten psychologischen Tests derartigen Einsichtphänomenen auf die Spur kamen. Es zeigte sich, dass Probanden, bei denen solche „Heureka-Erlebnisse" auftraten, sehr wohl vorher schon über die entscheidenden Aspekte „gestolpert" waren, sie aber nicht als Schlüssel zur Lösung erkannt hatten. Oft waren alle Bausteine für die Lösung längst da, es fehlte nur ein einziger, aber entscheidender Schlussstein, der alles zuvor mühsam bereits Erarbeitete in neuem Licht erscheinen ließ. Aus „heiterem" Himmel also schlägt weder ein realer noch ein Geistesblitz höchst selten zu – der „vorbereitete Geist" lässt erneut grüßen.

Die kognitive Psychologie hat eine Fülle weiterer Phänomene beleuchtet, die beim wissenschaftlichen Denken eine Rolle spielen. Neben der Bedeutung von Analogiebildung und Einsichtphänomenen dreht es sich vor allem um das, was man landläufig „Kreativität" nennt; und es begegnen einem auch viele Phänomene in wissenschaftlichem Gewand, die man aus alltäglicher Erfahrung selbst kennt. So kennt wohl jeder das Phänomen, dass sich ein kniffliges Problem, das einen schier zur Verzweiflung getrieben hat, wie von selbst löst, wenn man es einen Tag liegen lässt. In ausgeklügelten Experimenten konnten Psychologen nicht nur nachweisen, dass „eine Nacht drüber schlafen" tatsächlich eine erfolgversprechende Strategie ist; sie zeigten auch, warum dies funktioniert. Das Problem wird dabei keineswegs im „Hinterkopf" weiterprozessiert, sondern die Probanden hatten schlicht die falschen Lösungswege, in die sie sich tags zuvor verrannt hatten, vergessen. Wieder also ein Beispiel dafür, wie fruchtbar es sein kann, einmal gefasste Hypothesen immer wieder infrage zu stellen.

Doch zurück zu Kevin Dunbars Feldtests in Sachen Wissenschaft. Neben seinen Ergebnissen rund um unerwartete Versuchsergebnisse fand er auch Anhaltspunkte zur Lösung einer weiteren drängenden Frage: Warum eigentlich sind einige Wissenschaftler hoch erfolgreich und machen eine Entdeckung nach der anderen – ob zufällig oder nicht –, andere dagegen kommen nie über einen mittleren Tabellenplatz in der Forscherrangliste hinaus? Natürlich sind einige Menschen „intelligenter" als andere (ebenfalls ein interessantes Feld kognitiver Psychologie, was das im Einzelnen bedeutet); manche verwenden auch einfach mehr Zeit und Energie und erhöhen damit ihre „Performance". Aber auch wenn diese Rahmenbedingungen alle gleich sind, gibt es, so glaubt Dunbar, Strategien zur Erhöhung der Wahrscheinlichkeit auf einen Volltreffer: „Erfolgreiche Forscher suchen sich „riskante" Forschungsgebiete, engagieren sich parallel aber auch in weniger riskanten Projekten", fasst der kanadische Psychologe zusammen. Gebiete mit Risiko definiert er als solche, in denen es zwar nur eine geringe Wahrscheinlichkeit für eine schnelle Lösung gibt, die dann aber – so sie je gefunden wird – eine sehr wichtige Entdeckung ist. „Wer nicht wagt, der nicht gewinnt", würde der Volksmund hier zustimmen. Keine Alltagsweisheit aber ist, dass gerade die Kombination mit weniger riskanten Projekten die Wahrscheinlichkeit auf fruchtbare Entdeckungen deutlich erhöht. Wer nämlich alles auf eine Karte setzt, sprich, sich unter Umständen jahrelang verzehrt und aufreibt an einem schwierigen Projekt, das einfach nicht voran gehen will, kann leicht zum frustrierten „*Loser*" werden.

Das stützt eine Erkenntnis, die zu erlangen es nicht unbedingt viel Psychologie braucht, und die mindestens so wichtig ist wie all die anderen Mechanismen, die das Fortschreiten der Wissenschaft befördern. Nur motivierte Mitarbeiter, Forscher mit Biss, die aus innerem Antrieb am Ball bleiben, werden auf Dauer erfolgreich sein. Strukturen zu schaffen, die solche Motivation fördert, muss erstes Ziel staatlicher oder industrieller Forschungsförderung sein. Oder wie es der französische Schriftsteller Antoine de Saint-Exupéry in ein Bild fasste: „Wenn du ein Schiff bauen willst, so trommle nicht Männer zusammen, um Holz zu beschaffen, Werkzeuge vorzubereiten, Aufgaben zu vergeben und die Arbeit einzuteilen, sondern lehre die Männer die Sehnsucht nach dem weiten, endlosen Meer."

Register